KB058184

우리
다시
어딘가에서

#길_위

#어딘가에서

#시간_속

#어딘가에서

#그_밤   #어딘가에서

#가을_낙엽_위 #어딘가에서

#숲_속

#어딘가에서

#눈밭_위

#어딘가에서

우리 다시 어딘가에서

오재철 + 정민아 지음

미호

Prologue

"여행에서 돌아온 후 잘 살고 있나요? 생계는 어떻게 유지하죠?"

저희 신혼 세계 여행에 관한 이야기가 미디어에 노출될 때면 이런 댓글이 달리곤 합니다. 어떤 때는 조심스럽게, 가끔은 매우 무례하게.

7년간 하던 일을 그만두고 돌연 여행을 떠났습니다. 돌아온 후에는 면접을 본 후 같은 직종의 일을 이어나갈 수 있었어요. 달라진 게 있다면 스스로에 대한 믿음과 자신감이 높아졌다는 거. 떠나기 전에는 스스로를 '어딘가에 소속되어 있지 않으면 밥벌이를 못 하는 사람'으로 여겼지만 여행을 통해 제 안에 무궁무진한 가능성과 힘이 내재되어 있다는 사실을 깨닫게 되었죠. 야근과 철야로 밤낮없이 회사 붙박이로 살던 시절에는 훗날 이렇게 글을 쓰는 작가가 될 수 있으리라고는 상상도 못 했어요. 하지만, 지금 저는 프리랜서 웹기획자로, 여행 작가로, 그리고 한 아이의 엄마로 잘 살고 있습니다.

T군 또한 사진 작가 활동을 활발히 해나가는 동시에 강연이라는 새로운

분야에 도전하고 있어요. 어린 시절, 아버지의 사업 실패로 가세가 기울었던 기억 때문에 돈에 대한 욕심과 집착이 커졌다고 고백하는 그. 행복의 잣대를 돈의 보유량에만 맞추려 했던 T군은 여행을 통해 일상 속 행복의 커다란 기쁨을 알게 되었고, 이후 그의 생각은 달라졌습니다. 무언가를 넘치게 소유하지 않아도 행복할 수 있다는 사실을 알게 된 거죠.

긴 신혼 여행에서 돌아온 후 대단하다고, 부럽다고 말하는 사람들의 말 꼬리엔 늘 따라붙는 말이 있었습니다.

"아이가 없으니 가능한 일이지!"

아이가 생기면 꿈도 못 꿀 일이라 단정 짓는 사람들. 하지만 여행을 사랑하는, 길 위의 매력을 온몸으로 느끼고 온 저희 부부는 여행을 멈출 수 없었습니다. 긴 여행에서 돌아온 지 얼마 되지 않아 태어난 저희 아이는 강원도 어느 캠핑장에서 백일을 맞이했고, 이후로도 틈만 나면 짧던 길던 국내 이곳저곳을 함께 여행하곤 합니다. 알고 있어요. 아이와 함께하는 여행이 그 전과 같을 수는 없다는 사실을…. 많은 것을 보거나 얻고자 하는 욕심은 덜어내고, 더 천천히 걸어야 한다는 것을 말이죠.

아이가 태어난 지 600일이 되던 날, 저희는 캐나다로 겨울 여행을 떠납니다. 부부 세계 여행의 종착지였던 캐나다의 밴프에서 여행은 다시 시작돼요. 잠시 멈추었던 세계 여행, 이젠 둘이 아닌 셋이 함께 말이죠. 그러니까 이 책은 꿈 많은 남녀의 좌충우돌 신혼 여행기의 끝…이 아니라 거기서 끝날 줄 알았던 부부, 아니 어느 가족의 일상이 된 여행 이야기입니다.

Contents   >   >   >>

14   Prologue

○ 여행, 나를 만나다

여행, 당신을 만나다

여행, 우리가 만나다

여행, 나를 만나다

어른의 종합 과자 선물 세트를 꿈꾸는 N,
다 자라고서도 미니골프가 신나는 T

여행은 그렇게 잊혀졌던 나를 다시 만나는 시간

영어 울렁증의 나를 만나다 Orlando, U.S.A. //////////

She said.

배낭 여행자여,
뜻이 있는 곳에 길은 있다!

    과자와 초콜릿, 과일 사탕, 풍선껌… 군것질의 모든 것이 들어 있는 종합 과자 선물 세트는 어린 시절의 내게 최고의 선물이었다. 어느 것 하나만 콕 집어 선택하지 못하는 우유부단한 성격에 딱이라서. 어른이 된 후에도 종종 종합 선물 세트가 있으면 좋겠다고 생각했다. 에스프레소 몇 봉지, 담백한 크래커와 달콤한 초콜릿, 맥주 한 캔과 육포 안주까지 들어 있는…. 상상만 으로도 행복한 미소가 삐져나온다.

    내게는 올랜도Orlando가 바로 그런 곳이다. 순수한 동심과 짜릿한 쾌감 이 공존하는 곳이자 한없이 달콤했지만 커피처럼 쌉싸래하기도 한 나만의 추억이 함께 담긴 곳. 일주일을 예정했던 미국 올랜도에서 우린 꼬박 3주를 머물렀다. 그 유명한 디즈니월드와 유니버설 스튜디오는 물론이고, 씨월드, 블리자드 비치, 웻 앤 와일드 등의 워터파크와 규모가 작은 동네 어뮤즈먼 트를 모두 합치면 직접 방문한 놀이공원만 해도 10여 개가 넘는다. 여기에 열기구, 플라이보드, 미니골프 등 각종 체험 액티비티까지 섭렵하자니 일주 일로는 어림도 없는 일이었다. 열심히, 정말 매일같이 열심히도 놀았다. 우리가 이토록 적극적인 자세로 여행에 임했던 때가 또 있었던가?

　　하지만 지금부터 얘기하고자 하는 건 씁싸래한 쪽이다. 여행자에게 있
어 조금은 현실적인 이야기. 식비를 아끼기 위해 종일 쫄쫄 굶은 채 숙소로
돌아와 라면 하나로 끼니를 때우더라도 액티비티에 쓰는 돈만큼은 아낌이
없던 T군과 나이지만, 이곳에서의 모든 비용을 곧이곧대로 지불하려니 이
건 올랜도를 끝으로 세계 여행을 끝내야 할 판이었다. 이럴 때 빛을 발하는
건 역시 T군. 올랜도에는 여행자 숙소가 많이 몰려 있는 곳 주변으로 테마
파크 할인티켓을 사고 파는 가게들(우리나라로 치면 길거리 구둣방에서 백화점
상품권을 싸게 살 수 있는 것처럼)이 있는데, 이곳의 판매상으로부터 특급 정
보를 얻어 온 거다.

디즈니월드 매직킹덤

디즈니월드 매직킹덤에서 신나는 우리들

"너희 일 좀 해볼래? 아침 7시에서 9시까지 딱 두 시간이면 테마파크 티켓이 생긴다고!"

솔깃한 제안이었다. 마다할 이유가 없었다. 이튿날 새벽, 우리는 그가 알려준 일터로 향했다. 어느 근사한 리조트 건물 안으로 들어서자 말끔하게 정장을 차려입은 여자가 우리를 맞이했다. 그녀는 날 위아래로 훑어보더니 '오늘도 글렀다'는 표정으로 대뜸 물었다.

"현재 즐기고 있는 너의 휴가를 점수로 매긴다면, 1점부터 10점까지 중 몇 점 정도 되겠니?"

그녀의 입에서 튀어나온 뚱딴지 같은 질문에 난처한 얼굴로 T군을 바라보는 나. (사실 앞 문장은 다 알아듣지도 못했고, 1점부터 10점까지 중 몇 점이냐는 정도만 이해한 상황이었다.) T군은 날 돕기 위해 다시 한 번만 얘기해달라는 제스처를 취했다. 그러자 그녀는 그 큰 눈으로 날 뚫어져라 쳐다보며 신경질적으로 외쳤다.

나무 사람을 찾아보세요

디즈니월드 애니멀킹덤

씨월드

디즈니월드 할리우드 스튜디오

"영어를 못하면 상담이 불가능해. 미안하지만 돌아가!"

그녀가 차갑게 등을 돌리며 사라진 자리, 우두커니 서 있는 날 가자미눈으로 째려보는 T군. '여태껏 영어도 제대로 안 배워두고 뭐 했어?', '그러게 눈치껏 잘 좀 하지.', '너 때문에 일 다 망쳐버렸잖아!' 입 밖으로 내지는 않았지만 T군의 눈빛 속에서 고스란히 느껴지는, 속사포처럼 쏟아지는 그의 핀잔 랩. 난 곧 훌쩍이기 시작했고, 이내 큰 소리로 엉엉 울어버렸다. 가슴 한켠 늘 자리하고 있던 영어 울렁증이 결국 이런 곳에서까지 발목을 잡다니. 무엇보다 창피했다. 당황한 T군이 그제서야 나를 달랜다.

"괜찮아, 괜찮아. 저 여자가 앞뒤 설명도 안 하고 이상한 질문을 던진 거잖아. 어제 남편이랑 싸웠나 봐. 아까 나올 때부터 표정이 안 좋았거든. 우리가 재수 없게 걸린 거야. 그러지 말고 내일 다시 다른 데로 가보자."

　　다음 날, 잔뜩 긴장했지만 표정만은 도도하게, 두 눈을 치켜뜨고, 우린 다시 다른 일터로 향했다. 결론부터 말하자면 그 후부터는 첫날과 같은 일은 일어나지 않았다. 영어 테스트를 한답시고 무례하게 군 곳은 없었다. 우리는 올랜도에 머문 3주 중 5번(5일) 정도 이 일을 했고, 일이 끝나면 보수로 테마파크 티켓을 얻거나 10만원 상당의 현금을 받았다. 그 '일'이라는 건 올랜도 내 별장 판매에 관한 설명회에 참석하는 것. 테마파크의 성지와도 같은 올랜도에는 수많은 리조트들이 몰려 있는데 이 리조트들, 즉 별장의 회원권을 구입하여 본인의 휴가를 즐기기도 하고, 임대 사업을 하여 수익을 낼 수도 있으니 투자해보라는 설명회를 듣는 것이었다. 보통 오전 7시부터 9시까지 두 시간 정도 진행되는데, 듣고 있다가 '아주 좋은 기회인 건 알고 있으나 우리에겐 그렇게 많은 돈이 없다'며 적당히 거절하고 나오면 되었다. 물론 끈질기게 설득하는 판매원을 뒤로 하고 티켓을 받아 나오자면 뒤통수가 따갑다 못해 뚫릴 지경이었지만 그것도 몇 번 해보니 요령이 생기더라는. 그렇게 몇 군데의 설명회를 듣고 얻은 티켓과 현금으로 우리는 테마파크 입장료를 충당했다. 결국 예정보다 오래 올랜도에 머물게 되었지만 돈보다 시간이 많은 장기 여행자에게 그 정도가 뭐 대수인가.

디즈니월드 애니멀킹덤

　　계획을 담당하는 내가 인터넷을 통해 아무리 자세하게 정보를 찾는다 해도 막상 여행지에 도착해서 부딪치다 보면 빈틈이 생긴다. 하지만 사람 사는 곳이 다 그렇듯 현지에서만 얻을 수 있는 뒷(?)정보라는 게 또 있게 마련. 사전 기획에 강한 나와 실전에 강한 T군, 우리는 완벽한 파트너십을 자랑한다.

　　그럼에도 불구하고 T군은 가끔 미안해하며 이런 말을 내뱉곤 한다.

　　"우리가, 아니 내가 부자였다면 돈 걱정 없이 신나게 즐기기만 할 수 있었을텐데…."

　　"아니, 난 이렇게 방법을 찾으며 여행을 개척하는 지금이 좋아!"

　　그게 우리다운, 우리만의 여행인 거잖아.

디즈니월드 매직킹덤

카우치 서핑이라고? Tampa, U.S.A. /////////

She said.

불운의 사고로 하늘나라로 간
마이클을 애도하며…. I miss you.

　　나의 20대, 우리집에서 지켜야 하는 규칙은 딱 하나였다. '외박 금지(자정 전 귀가)'. 즉, 통금이 있는 집이라는 얘기. 비교적 개방적인 사고를 지닌 부모님이시지만 잠만은 집에서 잘 것을 강조하셨다. 그 시절 우리집은 서울 강북의 동쪽(지하철 노선도의 오른쪽 위) 끝자락에 위치했다. 놀기 좋아하는 (아니, 대학 졸업반이 다 되도록 클럽 한 번 제대로 못 가본 신세니 '호기심 많은 나'라고 하는 편이 맞으려나?) 나의 소원은 '딱 한 번만 클럽에서 새벽까지 놀아보기'였다. 하지만 홍대 앞이나 강남역 근처에서 집까지는 아무리 적게 잡아도 한 시간 이상이 소요되기 때문에, 큰맘 먹고 클럽행을 실천한다 한들 저녁 8시에 입장했다가 10시 30분이면 퇴장해야만 하는 비운의 여자, 그게 나였다.

　　친구들은 그깟 통금 따위 등짝 몇 번 얻어맞고 확 깨어버리라 했지만 차마 그러지 못한 데에는 나름의 이유가 있었다. 부정맥이 심한 엄마는 자다가 갑자기 깨면 심장이 벌렁거려 밤새 한숨도 못 주무시곤 한다는 걸 알고 있었기 때문이다. 아빠가 철야라도 하시는 날이면 엄마는 아빠가 들어오실 때까지 뜬눈으로 밤을 지새우셨다. 나 좀 편히 놀아보자고 엄마를 아프게 하고 싶지는 않았다. 하지만 훗날 외박 금지령을 어겨야만 하는 일생일대의

'그날'이 온다면 그땐 주저하지 않고 과감하게 실천에 옮기겠다는 다짐이 늘 가슴 한구석에 자라고 있었다(아무래도 그 시절부터 세계 여행을 마음에 두고 있었던 모양이다).

　결국 '결혼과 세계 여행'이라는 긴 외박으로 통금은 유야무야됐지만 내 머릿속에는 여전히 잠은 집에서 자야한다는 생각이 강하게 자리잡고 있었다. 여행을 하는 동안에도 무조건 호텔이나 호스텔 같은 정식 숙박업소를 이용했고, 남의 집이라는 생각이 드는 B&B나 에어비앤비 같은 건 고려해보지도 않았었다. 남이 우리집에서 자는 것은 물론이고 내가 타인의 집에서 자는 것 또한 매우 실례되는 일이라고 생각했다.

　유럽 렌터카 여행을 끝낸 후 도착한 북미 대륙의 첫 도시는 미국 플로리다 주의 올랜도. T군이 마이클이나 데니스에게 그들의 집에서 머물 수 있는지 물어보자는 얘기를 꺼냈을 때 난 얼굴부터 찌푸렸다.

　"아니, 뭐 그런 실례되는 걸 물어봐?"

　마이클과 데니스는 세계 여행 초반 중미의 작은 나라, 벨리즈에서 요트 투어를 할 때 만난 커플이다. 비슷한 연배인 우리들은 많은 이야기를 나누며 꽤나 친해졌었다. 올랜도에서 1시간가량 떨어진 탬파에 살고 있는 커플.(사는 집은 각자 다르다.) 플로리다(올랜도)에 오게 되면 반드시 연락을 하라고 했었기 때문에 T군이 이렇게 운을 뗀 것이다. 마이클에게 그냥 얼굴이나 보자며 이메일을 보냈는데, 곧바로 답장이 날아왔다. 자기 집에서 머물라는

얘기와 함께 하루 빨리 보고 싶다고 너스레를 떠는 마이클의 어조는 차마
거절하지 못할 설렘이 담겨 있었다.

그렇게 마이클 집에서의 칩거 생활이 시작됐다. 너무도 흔쾌히 우리를
초대하기에 꽤 넓은 집일 거라 생각한 건 나의 오산이었다. 거실 겸 주방 하
나, 작은 침실 하나, 침실을 통해야만 들어갈 수 있는 화장실 하나가 끝. 난
거실 겸 주방에 놓인 쇼파에서, T군은 그 아래 바닥에서 침낭을 펴고 잠을
잤다. 우리 불편한 거야 그렇다 치고, 집주인인 마이클의 프라이버시조차
보장되지 않는 작디 작은 집.

하지만 놀라움과 불편함도 잠시, 난 곧 그의 집을 사랑하게 된다. 마이클의 집에선 사람 사는 냄새가 났다. 누구든 머무르고 언제든 훌쩍 떠날 수 있는 호스텔이 편한 점도 있지만, 그의 집에서는 그런 것과는 비할 수 없는 어떤 온기가 느껴졌다. 그 따뜻함이 좋았다. 특히 발코니 가운데에 놓인 비치 의자는 날 일주일이나 얌전히 그의 집에 머무르게 한 일등공신. 눈부신 햇살과 나부끼는 바람, 펠리컨과 돌고래가 뛰노는 이국적인 공간. 발코니에 앉아 야생 돌고래를 볼 수 있다니! 바다와 맞닿은 연안이 내려다보이는 발코니에 앉아 오렌지 주스 한 잔을 옆에 두고 그곳에서 하루 종일 뒹굴어도 지루하지가 않았다. 오히려 '아무것도 하지 않음'의 매력에 빠져 헤어나오지 못할 지경이었다. 어느 날, 어디 가보고 싶은 곳은 없는지 묻는 마이클에게 난, 지금 여기보다 더 찬란한 천국은 없노라는 대답을 건넸다.

어른이 된다는 건 생각이 굳어진다는 것. 몇 년 아니 몇 십 년에 걸쳐 단단하게 굳어진 생각과 관념은 좀처럼 말랑해지기 힘든 게 사실이다. 외부로부터의 새로운 자극이 없으면 생각은 머릿속에 고이게 된다. 그렇게 고인 생각은 결국 썩게 될 것이라는 사실 또한 이제는 알 만한 나이. 여행을 통해 얻을 수 있는 건 '우연한 일탈'과 '작은 용기' 그리고 그 속에서 끊임없이 유영하는 '열린 마음'과 '열린 생각'이다. 마이클네에서의 카우치 서핑 이후 나는 진정으로 통금과 외박으로부터 자유로워질 수 있었다.

#1

"골프의 'ㄱ'도 모르면서 왜 맨날 골프 타령이야?"

미니골프장만 보면 한 번만 해보고 가자고 조르는 나에게 N양이 결국 통박을 놓는다.

"그래! 나 골프는 1도 모르지만 미니골프는 그거랑 완전히 다른 거라고! 골프채 한 번 안 만져본 사람도 바로 할 수 있을 만큼, 누구나 쉽게 즐길 수 있는 게 미니골프야. 게다가 디즈니가 만든 골프장 아니냐고! 한 번만 해보자, 응?"

미니골프에 대한 나의 남다른 애착은 어린 시절의 추억에서 시작됐다. 나

고 자란 곳이 워낙 작은 도시다 보니 아이들을 위한 놀이 시설이란 게 딱히 없었을뿐더러 생업에 종사하느라 바빴던 부모님 또한 우리(동생과 나)와 함께할 시간 내기가 하늘의 별 따기만큼이나 어려웠다.

　하지만 일 년에 딱 하루, 어린이날만큼은 온가족이 나들이를 나서서 즐거운 시간을 보낼 수가 있었다. 시내에 나가 '상록원'이라는 경양식 레스토랑에서 밥을 먹고, 그 옆에 있는 미니골프장에서 아버지와 나, 어머니와 동생이 편을 갈라 미니골프를 치는 게 그날의 수순.

　매년 똑같은 코스였지만, 어린 내 눈에 비친 미니골프장은 그야말로 세상에서 가장 흥미롭고도 신나는 곳이었다. 크고 작은 모형 블록들을 지나 아슬아슬하게 터널을 통과하며 홀을 향해 나아가는 골프 공을 보면서 온갖 상상의 나래를 펼칠 수가 있었다. 게임에 몰두하다 보면 어느새 양손 가득 쥐어져 있던, 그 시절 그 귀한 햄버거와 콜라까지…. 일 년에 딱 한 번만 입장이 허락되었던 그 마법의 공간 속으로 들어서면 언제든 내 어린 시절의 꿈과 행복을 만날 수 있다.

　'그러니 N양, 우리 미니골프 한 판만 치고 가자!'

#2

〰〰〰〰〰

"오늘 저녁 식사는 내가 맡을게!"
햇살 좋은 오후, 마이클이 말했다. '오래간만에 포식 좀 하겠네!' 하는 기
대감에 가슴이 잔뜩 부풀어 올랐다. 준비 다 됐다는 마이클의 말에 식탁에
앉아 먹을 준비를 하고 있는데, 부엌으로 들어간 그는 감감무소식. 뒤이어
어서 들어와 만들지 않고 뭐 하냐는 마이클의 외침이 들린다. 알고 보니
저녁 메뉴는 마이클이 '준비한' 핫도그 샌드위치. 싱크대 위엔 잘 손질된
채소와 소시지, 피클과 각종 소스 등의 재료들이 가지런히 놓여 있다. 난
손님이고 넌 호스트니 되게 근사한 걸 준비하리라 기대했던 난 머쓱해졌
다. 그래, 같이 산다는 거 함께 한다는 건 그냥 이런 거지!

#3

~~~~~~~~~

도시를 물들이는 저녁 노을처럼 붉은 색을 띤 뉴욕 칵테일을 비운 마이클
이 묻는다.

"한국 사람들은 참 대단해. 김치를 만들어주는 기계도 만들었잖아?"

"응? 나도 처음 들어보는데, 그런 게 있어?"

"커다란 기계에서 막 김치를 꺼내던데? 이름도 '김치 머신Kimchi Machine'
이래…."

"그거 냉장고 아니야? '김치 냉장고Kimchi Refrigerator' 말하는 거 같
은데?"

"아! 그게 냉장고야?"

누구야? 이 순진한 친구에게 그런 헛소리를 한 게. ㅡㅡ+

하지만 나도 갖고 싶다, 김치 머신….

호기심이란

나이 들수록 챙겨 먹어야 할,

평생을 윤기 나게 살 수 있는 인 생 의   비 타 민

남편은 남의 편 New York, U.S.A.

///////////

She said.

뉴욕에서 보낸
　T군의 하루가 궁금하다면? 58페이지로….

  T군의 도시, T군에게는 제2의 고향이라고도 할 수 있는 뉴욕에 입성했다. 군대 제대 후 졸업 한 학기를 남겨둔 채 달랑 100만 원을 손에 쥐고 뉴욕으로 떠나 3년을 버틴 이야기, 난 이걸 백번도 넘게 들었다. 돈이 없어 하루 한 끼로 때우고, 정기승차권 한 장을 여러 명의 친구들과 돌려써야 했던 궁핍했던 유학 시절의 이야기 말이다. 올랜도에서 신나게 논 후 뉴욕으로 향하는 18시간짜리 버스 안에서 그의 회고담은 절정으로 치달았다.

  기대가 컸던 탓일까? 어쩌면 반발심 때문이었을지도. 조금씩 함께 그려나가고 싶은 우리의 하얀 도화지에 먼저 완성된 그림이 그려져 있어 샘이 났는지도 모르겠다. 도착 첫날, 화려한 브로드웨이 42번가를 그려 넣으려 무지개색 펜을 딱 들었는데, '아! 그건 여기 이미 다 그려져 있어!' 하며 날 안내하는 T군. 여행에서 느끼는 나의 즐거움에는 호기심 어린 T군의 눈을 보는 것과 열정적으로 누르는 그의 셔터 소리를 듣는 것이 포함되어 있는데, 그게 빠져버린 뉴욕 여행은 왠지 싱겁게만 느껴졌다.

우리는 T군의 친구인 용학(영어 이름 '샘')의 집에서 머물기로 했다. 그의 집은 맨해튼 근교 뉴저지에 위치해 있었다. 나의 뉴욕 여행은 샘의 집으로 향하는 광역 버스에서 비로소 시작되었다고 해도 과언이 아닐 듯하다. 가운데만 가득 채워진 도화지 위에 드디어 내가 새로이 그릴 하얀 공간이 생겨났다. 가장 먼저 움켜쥔 색은 노란색. 한창 단풍이 물드는 계절에 도착한 터라 나직나직한 집 주변으로 건물보다 키가 큰 은행나무와 노란 은행잎들이 가득했다.

싱글 라이프를 즐기고 있는 직장인 샘은 오전 8시면 출근, 오후 7시가 되면 퇴근을 했다. 샘이 출근한 후 '우리는 오늘 어디로 나갈까?' 하는 눈빛으로 쳐다보면 시선을 외면한 채 누워서 뒹굴거리거나 휴대폰 게임 삼매경인 내 남편…. 그렇게 하루를 보내다 어둠이 깔리면 친구들을 만나러 나가 버리기 일쑤였다. 당최 뉴욕 관광엔 관심이 없는 T군을 두고 혼자 엠파이어 스테이트 빌딩이며, 911 트리뷰트 센터 등을 방문하거나 메트로폴리탄을 보고, 소호 거리에도 나가 보았지만 도통 흥이 나질 않았다.

그렇게, 사랑하는 이와 함께였어도 외로운 날 구제해준 건 다름 아닌 '윤아 언니'였다. 그녀는 T군 옛 동료의 와이프인데, 언니의 집 또한 샘의 집에서 그리 멀지 않은 곳에 있었다. 우리는 거의 매일같이 만났다. 맨해튼에 나가 함께 쇼핑을 하거나 맛집 투어를 다니기도 하고, 뉴저지의 한적한 공원에 앉아 긴긴 이야기를 나누기도 했다. 어떤 날엔 그녀의 집에 초대받아 근사한 식사 대접을 받기도 하고, 또 어떤 날엔 딸 엘리(11살)의 학교 행사에도 함께 참석했다. 그저 차갑고 낯설게만 느껴지던 뉴욕이 조금씩 활기차고 에너지 넘치는 곳으로 바뀌기 시작했다.

의식주 중 특히 먹는 것, 외식비에 큰돈 쓰는 걸 싫어하는 T군과 함께 다니다 보면 유명한 맛집은커녕 동네 허름한 식당 한 번 들어가지 않게 되는데, 여자 둘이 함께 하다 보니 숨겨진 맛집은 물론이고, 골목골목의 옷 가게와 작은 소품숍들까지 돌아보며 구석구석 맨해튼을 즐길 수 있었다. 또, 쇼핑을 할 때면 깔끔하고 심플한 스타일을 좋아하는 내 취향과는 상관 없이 여리여리한 스타일만을 권하며 이거 입어봐라, 저거 입어봐라 참견을 해대는 T군과는 달리 윤아 언니는 "N양, 이 옷이 네게 잘 어울릴 것 같아, 이 옷 색깔이 너한테 잘 받는걸?" 하며 날 너무도 편안하게 대해주었다.

습관처럼 내뱉던 T군의 말처럼, 이제는 나에게도 제2의 고향이 된 뉴욕. 그렇게 내게도 언제든 찾아가 편하게 만날 수 있는 뉴요커 친구가 생겼다. T군과 나, 우리의 도화지 속 각자가 그린 뉴욕의 모습은 완전히 다르지만, 뉴욕은 원래 그런 곳이 아닌가? 수천 수만 가지의 각기 다른 꿈과 이야기가 자유롭게 펼쳐진 곳, 그곳이 바로 뉴욕이니까.

스물넷 철부지 뉴요커 New York, U.S.A. //////////

He said.

아름다운 추억은 회상하기보다
재현할 때 더욱 빛난다.

　10월의 따스한 햇살이 버스 안의 공기를 충분히 데울 만큼 오랜 시간이 지나자 철 지난 에어컨을 그리워하는 작은 땀방울들이 몸의 이곳 저곳에 맺히기 시작했다. 신열이 나듯, 달뜬 흥분 속에서 재회를 앞둔 이의 가슴 속에 작은 소용돌이가 만들어졌다. 상류로 거슬러 오르는 연어의 숨소리도 이렇게 거칠었을까? 숨가쁘게 흔들리는 시선을 들어올리자 차창 밖으로, 마천루의 실루엣이 보인다.

　누군가에게는 세계 최고의 패션 도시로, 누군가에게는 영화나 드라마의 무대였던 꿈의 여행지로, 뉴욕은 그렇게 많은 이들의 다채로운 꿈만큼 다양한 매력을 가지고 있는 명실상부한 세계 최고의 도시다. 하지만, 나의 뉴욕은 아름답던 내 젊은 날의 기억을 고스란히 간직해둔, 마음의 고향이다. 부푼 꿈을 안고 떠난 유학 생활의 첫날을 식당 종업원 신세로 맞이했던 배고픈 유학생이었지만 가진 것이 없어도 꿈이 있었기에 행복했고, 가족이 없어도 친구들이 있었기에 따스했다. 뉴욕은 그렇게 그리움이라는 이름으로 기억되는 곳….

    타임스퀘어에서 멀지 않은 곳에 버스가 정차하자 걸이와 용학이 한 걸음에 달려와 나를 안아주었다. 그래, 그리웠다. 이, 친구들의 내음새가.

    "재철이 거지 꼴이 다 됐네. 세계 여행 한다고 해서 꽤나 폼 잡고 올 줄 알았는데… (ㅋㅋ) 돌아다니느라 고생했다. 이제 뉴욕에서 푹~ 쉬어. 돈 걱정? 그런 거 안 해도 돼. 우리가 있잖아. 준호 형이랑 명진이 형은 '소주하우스'랑 '모노모노'라는 큰 레스토랑을 냈어. 술이나 밥은 형들이 해결해줄 거야."

    기댈 곳 없이 떠도는 여행자에게 이처럼 따스한 말이 또 있을까. 10년여의 세월이 지났음에도 여전히 친구라는 이름으로 안아주는 살가운 포옹 속에 구석구석 온기가 스며 있다. 새로운 뉴욕살이는 그렇게 친구들의 환영 파티로 시작됐다. 연락이 뜸했던 친구들을 거리에서, 식당에서, 술집에서 만날 수 있었고, 반가움의 하이파이브를 던져대며 그 옛날 그 시절의 생

기 어린 표정으로 매일 밤 함께 시간을 보냈다. 밤 늦게 술잔을 기울이며 지난 이야기로 시간들을 채웠고, 어둠이 짙어질 대로 짙어지면 클럽에서 정신없이 울려대는 음악에 몸을 맡겼다. 동이 트는 아침에 하루를 마감하고, 환한 대낮이 되면 새로운 하루를 시작하는 그런 날들이 이어졌다. 뉴욕 관광은 사실 나에게 흥미롭지 않다. 그저 지난 젊은 날의 그때처럼, 20대의 어느 날처럼 그렇게 추억을 재생하는 것이 내게는 뉴욕을 느끼는 최고의 여행법이다. 지금 이 순간, 난 그 누구보다도 행복하다.

그날도 어김없이 해가 중천이 되어서야 시작된 하루. 늦은 점심을 먹던 N양이 말했다.

"뉴욕 재미 없어."

아, 나만의 추억 놀이에 취해 가장 소중한 이를 잊고 있었구나. 뉴욕을 홀로 여행하는 나의 동행자, N양의 외로움을 모른 척 외면했던 이기적인 내 자신이 부끄러워졌다. 연애 시절, '이 다음에 함께 뉴욕에 가게 되면 세상의 모든 아름다움을 보여주겠다'고 호기롭게 약속했던 나. 정작 지금 이 순간 N양의 기억 속 뉴욕을 최악의 여행지로 새겨버렸다. 세상에 이렇게 멍청하고 어리석은 남편이 또 있단 말인가.

다음 날, N양이 사라졌다.

B-side
Story

#1

"없어, 없어! 입을 옷이 없다고!"
더울 땐 반바지에 반팔 티 3벌, 추울 땐 긴바지에 긴팔 티 2벌, 마지막으로
촌스러운 꽃무늬 원피스 하나가 배낭 속 옷가지의 전부다. 가진 아이템을
총동원하여 몇 번을 갈아입어 봐도 패션의 도시, 뉴욕을 활보하는 데 걸맞
은 옷은 없었다.
큰 마음 먹고 가게로 들어가 마음에 드는 옷을 들었다 놓기를 여러 번, 어
렵사리 고른 하늘하늘한 원피스를 움켜쥐고 성큼성큼 계산대 앞으로 다가
간다. 아차, 낡고 흙 묻은 등산화에는 도저히 못 입겠다. 게다가 지금 당장
입지도 않을 옷을 일 년 내내 등에 지고 다니기에는 체력이 너무 아깝다.
배낭여행자에게 당장 필요한 게 아닌 물건 하나를 (보지도 않는) 수학 정석
을 일 년 365일 출근길 작은 핸드백에 넣고 다니는 것과 같다. 아니, 체감
상 그보다 더 무겁고 불필요하게 느껴진다. 도시를 나서며 메야 하는 배낭
의 무게와 예쁜 옷 사이에서 갈팡질팡하다 이번에도 슬그머니 옷을 내려
놓는다.
오늘도 여행자이고픈 내가 여자이고픈 내 안의 나를 이겼다.

요즘이야 유치원에서도 할로윈 축제를 챙긴다고 하지만 내가 어렸을 적 할로윈은 책이나 영화에서만 보던 먼 나라 이야기였다. 여행 중 만난 펌킨 축제인 '잭 오 랜턴Jack O'Lantern' 페스티벌 현장은 내게 그야말로 문화 충격 그 자체였다. 단어 그대로 펌킨, 호박 5,000여 개로만 꾸며진 축제. 그 흔한 기념품 가게조차 눈에 띄지 않았다. (나중에 알고보니 아주 작게 하나 있긴 했다.)

문득 우리나라의 어느 리포터가 인터넷에 올린 글이 생각났다. 지난 전어 축제에서 봤던 상인을 대하 축제에서 또 보고, 꼬막 축제 가면 또 볼 수 있다는 말. '축제'라는 미명 하에 온갖 상술과 바가지가 난무하는 우리와는 너무도 다른 그들의 모습이 내겐 큰 충격으로 다가왔다. 그리고 부러웠다.

Be yourself, No matter what they say.
Be yourself, No matter what they say.

스팅의 〈Englishman in New York〉 중에서

내게,

작은 꿈이 있다면

죽는 그날까지 나 답 게 사 는   것 !

나는 지금 당장 행복해야 해 From Niagara Falls to Quebec, Canada /////////

She said.

잠시만 안녕, T군.
부부에게도 각자의 시간이 필요해!

뉴욕으로 넘어온 지 열흘이 지났다. 원래는 이즈음 캐나다로 단풍 여행을 떠날 계획이었는데, 오래간만에 만난 친구들과 매일같이 회포를 푸느라 바쁜 T군은 뉴욕을 떠날 생각이 없다. 결단을 내려야 한다. 어느 날 아침 내가 말했다.

"헤어져! 찢어지자고!"

'우리는 일심동체, 영원한 한 몸'을 약속한 부부지만 그런 우리도 보고 싶은 게 다른 날엔 한 명은 미술관으로 한 명은 공원을 향해, 등을 맞대고 '찌이익' 분리가 되기도 했다. 아픈 남편을 호스텔에 혼자 두고 당일치기 섬 여행을 다녀온 적도 있고…. 하지만 이번엔 일주일 이상의 긴 여정이 될 예정이므로 T군은 잠시 생각에 잠겼다.

"정말 혼자 다녀올 수 있겠어?"

(함께 가겠다는 얘기는 안 하는군.)

걱정스레 묻는 T군에게 자신감 넘치는 미소로 답하고는 다음 날 새벽,

배낭 하나 달랑 메고 T군과 함께 뉴욕의 펜 스테이션으로 향했다. 한인 타운의 음식점을 제외하면 T군과 함께한 첫 관광지인 셈인가? 연신 혼자 잘 갈 수 있겠냐 물으며 울상인 T군과는 달리 난 드디어 캐나다의 단풍을 볼 수 있겠구나 하는 생각에 히죽히죽 웃음이 났다. 영화 속 한 장면처럼 나는 기차에서, T군은 플랫폼에서, 애틋한 눈빛을 주고 받으며 그렇게 우리는 멀어져 갔다.

하지만 막상 바퀴가 구르고, '삐익' 경적이 울리자 커다란 파도와도 같은 긴장이 몰려들었다. T군이 앉아야 할 옆자리가 유난히도 크게 눈에 들어온다. 여행 중에도 일상에서도 무언가 새로운 걸 시작할 때면 설렘과 두려움, 이 두 가지 감정이 늘 공존한다. 49퍼센트의 설렘과 49퍼센트의 두려움 사이에서 파도 같은 마음이 이리저리 일렁인다. 용기, 그런 마음속 두려움을 이겨내는 건 딱 2퍼센트의 용기다. 설렘이 두려움을 근소한 차이로 이겨낸다. 심호흡을 크게 한 후 약간의 용기를 내자 입 안에서 짧은 감탄사가 흘러나왔다. "아싸, 자유다!" T군이 평소 눈치를 주는 것도, 잔소리를 하는 것도, 사생활에 간섭을 하는 것도 아니지만 왠지 모를 해방감이 느껴졌다.

미국과 캐나다를 잇는 '단풍 열차Maple Leaf Train'는 혼자만의 여행에서 첫 목적지인 나이아가라 폭포를 향해 쉼 없이 달렸다. 9시간이 넘게 걸리는 여정이지만 시시각각으로 바뀌는 창밖의 풍경에 지루할 새가 없었다. 단풍 열차라는 이름답게, 그 명성답게 허드슨 강 양 옆으로 노랗고 붉게 물든 단풍이 끝도 없이 펼쳐졌다. 그리고, 마침내 기차는 경적을 울리며 나이아가라 폭포 역에 도착했다.

나이아가라 폭포

난 평소에도 혼자 영화관에 가는 걸 좋아한다. 동행하는 이가 있다면 영화가 끝난 후 서로 각자의 감상을 얘기하기에 바쁘지만 혼자라면 좋았던 장면을 곱씹으며 충분히 여운을 느낄 시간이 주어지기 때문이다. 여행도 그렇다. T군과 함께 여행하며 종알종알 수다를 떠는 것도 좋지만 이토록 거대한 나이아가라 폭포 앞에 가만히 홀로 서 있으니 부서지는 물보라 사이로 재잘대는 새들의 대화까지도 오롯이 다 내 것인 듯했다.

혼자만의 여행은 함께일 때는 미처 알지 못했던, 아니 알 수 없었던 새로운 매력이 넘쳐났다. 거리의 잘생긴 청년을 당당하게(?) 쳐다보며 흐뭇한 미소도 지을 수 있었고, 추근대는 외국인의 추파도 은근히 즐길 줄 알게 됐다. 이후로도 혼자 버스에 앉아 창밖을 구경하고, 혼자 공원을 산책하며 잔디밭을 뒹굴었다. 오른쪽으로 갈지, 왼쪽으로 갈지, 난전 머리핀을 살지 말지, 사소한 것 하나 하나 스스로 선택하고 결정해야 하는 독립의 길 위에서는 혼자 먹는 밥조차도 자유의 상징처럼 느껴졌다. 화장실 갈 때 짐 지켜줄 사람이 없다는 점만 빼면, 모든 게 완벽했다.

　　문제는 퀘백Quebec에서 터졌다. 캐나다의 최대 명절인 추수감사절과 겹친 주말이었던 탓에 내 몸 하나 누울 침대가 단 한 군데도 남아 있지 않았다. T군과 함께였다면 한 명은 카페에 앉아 짐을 지키고 다른 한 명이 맨몸으로 숙소를 알아보면 됐겠지만, 모든 짐을 그대로 둘러 메고 경사가 심한 퀘백시티의 구석구석을 돌아다니려니 여간 힘이 드는 게 아니었다. 여행 중 처음으로 T군이 보고 싶었던 날. 점심 시간경 도착한 퀘백시티에서 해가 질 무렵까지 숙소를 찾느라 헤맸던 기억…. 다행히 시내에서 멀리 떨어진 어느 유스호스텔에서 딱 한 자리 남은 구석자리 침대를 찾을 수 있었고, 그리운 T군의 얼굴은 다시금 마음 깊숙이 묻히고 만다. 지금은 혼자, 혼자만의 자유를 즐길 시간이니까!

　　하지만…

　　혼자 떠난 여행, 열흘간의 분리, 이 자유로운 혼자의 감정이 전혀 외롭지 않은 이유는 언제든 다시 합체할 수 있는 T군이 있기 때문이라는 걸 나는 알고 있다.

가을 남자의 단풍 여행 Toronto, Canada /////////

He said.

함께 있기에 아름다운 안개꽃처럼….

"겨울에는 추워서, 봄에는 나른해서, 여름에는 더워서 맨날 늘어져 있잖아. 당신은 일 년에 딱 두 달, 9월이랑 10월에만 생기가 돌아!"

이런 저런 이유로 일 년 내내 골골대는 나를 놀려대는 N양의 말처럼 난 오직 가을에만 에너지가 넘치는, 가을 남자다. 이런 날 두고 N양이 캐나다의 가을 속으로 떠났다. 사실 나도 캐나다의 단풍을 보고 싶었다. 가을 햇살에 버무려진 영롱하고 붉은 단풍나무의 향연. 국기에 빨간 단풍잎을 새겨 넣을 만큼 단풍이 아름다운 나라, 캐나다가 아닌가! 다만 엉덩이가 무거워졌을 뿐이다. 친구들과의 해후 속에서 오랜만에 느껴보는 훈훈한 우정이 나의 몸을 뉴욕에 고정시켜버렸다. 그런 나를 두고 정말로 N양이 홀로 떠났다.

'아, 어쩌지? 지금이라도 따라갈까? 며칠도 안 돼 뒤따라가면 좀 없어 보이려나? 너의 빈자리가 너무 크게 느껴져서 따라왔다고 할까? 이건 너무 신파인데… 혼자 보내고 나니 걱정되어서 따라왔다고 해야겠다. 그게 좋겠다!'

"오빠, 캐나다 진짜 아름다워!"

서운하게도 수화기를 통해 들리는 N양의 목소리는 꽤나 밝았다.

"너 혼자 보내고 불안해서 안되겠다. 나도 갈테니 토론토에서 만나!"

일단 마음을 먹고 나니 모든 게 일사천리였다. 친구들에게 잠시만 안녕을 고하고, 오후에 차를 렌트해 10시간을 밤새 달렸다. 토론토의 아침, 햇살이 싱그러운 길드 파크Guild Park에서 며칠 동안 못 보았던 N양의 싱그러운 미소를 마주할 수 있었다. 영화 속 주인공들처럼 다시 만난 우리는 공원 산책을 나섰다. 어느새 N양은 팔짱을 꼭 낀 채 입가에 한가득 웃음을 머금고 있다.

하지만 그 순간 난 N양을 만난 기쁨을 표현할 겨를이 없었다. 캐나다의 가을에 온 정신을 빼앗겨버린 거다. 말로만 듣던, 수화기 너머 N양의 탄성으로 듣던 단풍국丹楓國 속으로 들어온 난 그 아름다움이 실재하는구나 실감하느라 얼이 빠져 있었다. 단풍잎으로 가득 메워진 산책길은 레드카펫처럼 붉게 물들어 있었고, 하늘 천장을 뒤덮은 나뭇잎 사이로 부서져 내리는 햇살들이 낙엽 위에서 별빛처럼 반짝였다. 한 발 한 발 내딛을 때마다 바스락거리는 낙엽 소리가 구름 위를 걷는 듯 부드러웠고, 노란 별, 빨간 별, 갈색 별들이 발걸음에 맞추어 춤추듯 날아다녔다.

두 팔을 벌려 가을 햇살을 온몸으로 맞이하던 N양이 걸음을 멈추더니

토론토에서의 재회

저만치 쌓인 낙엽 위에 몸을 누였다. 붉은 잎들로 수놓아진 푹신한 침대 위에 누운 듯 편안한 표정의 N양 옆에 나도 누워보았다. 아침 이슬을 머금은 진한 낙엽향이 코끝에 떠돈다. 하늘 위에서 떨어지는 햇살이 내 두 눈을 간지럽힌다. 바람 소리마저 숨죽인 정적, 그 고요함이 한없이 평화롭게 느껴진다.

  가끔은 나도 혼자하는 여행을 상상해본다. 옆 사람의 시선을 의식하지 않은 채 오롯이 나만의 시간 속에 머무를 수 있다는 거 참 달콤해 보인다. 하지만 오늘같이 황홀한 순간, 내가 느끼는 감정을 똑같이 공유할 수 있는 이가 곁에 없다면, 쓸쓸함이 사무칠 나를 난 너무 잘 안다. 사실은 외로움을 많이 타는 가을 남자. 내게는 누군가와 함께 하는 여행이 더 맞는다. 아니 내게는 늘 아름다운 당신과 함께하는 여행이….

왓킨스 글렌 주립공원

토론토의 길드 파크

단풍색이 스며든 붉고 노란 시간 속을 한참 거닐자 하늘 빛깔의 푸르름이 한아름 퍼진다. 길이 끝나는 곳, 절벽 아래로 하늘처럼 깊고 맑은 호수가 펼쳐졌다. 끝을 알 수 없는 호수 저편, 바다처럼 진하고 시린 하늘이 이어졌다. 붉은 색에 익숙해져 버린 시야를 뒤덮은 푸른 향연에 눈앞이 어지럽다.

"도시 속에 공원이 있는게 아니라 공원 속에 도시가 있어."

그랬다. N양의 말처럼 길드 파크를 포함하여 토론토 곳곳의 공원들은 대부분의 도시 속에 있는 작은 공원이라 하기에는 너무나 거대했다. 이토록 멋진 곳을 그냥 지나칠 뻔했다니, 역시 와이프 말을 잘 들어야 자다가도 떡이 생긴다?

Letter

to

YOU

N양, 나의 아내에게

이제 우리 인생에서 좋은 차는 없어. 넓은 집도 마찬가지야.

아이들을 위한 사교육? 그런 건 꿈도 못 꿀 테지.

그래도… 나와 함께 떠날래?

어렵게 꺼낸 말에 1초의 망설임도 없이 내 손을 잡아주던 당신.

달랑 배낭 하나 둘러메고 시작한 우리의 세계 여행이

어느덧 일 년을 넘겼네.

친구들의 집 장만 소식이 한창 들려오던 어느 날,

우리에게도 근사한 집(캠핑카)이 생겼다며 환하게 웃는 당신.

대궐 같은 집에서 떵떵거리고 살 일은 없겠지만

대궐보다 더 큰 세상을 평생 발 아래 두고 살게 해줄게.

우리 함께 행복하자!

                         가난한 포토그래퍼 남편이

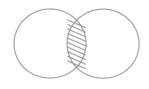

여행, 당신을 만나다

미서부 캠핑카 일주.

꿈 속의 또 다른 꿈들,

그리고 그 안의 당신

소중한 당신 행복한 오늘 New York, U.S.A.

She said.

우리 T군이 달라졌어요!

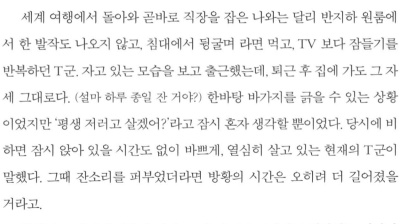

　　세계 여행에서 돌아와 곧바로 직장을 잡은 나와는 달리 반지하 원룸에서 한 발작도 나오지 않고, 침대에서 뒹굴며 라면 먹고, TV 보다 잠들기를 반복하던 T군. 자고 있는 모습을 보고 출근했는데, 퇴근 후 집에 가도 그 자세 그대로다. (설마 하루 종일 잔 거야?) 한바탕 바가지를 긁을 수 있는 상황이었지만 '평생 저러고 살겠어?'라고 잠시 혼자 생각할 뿐이었다. 당시에 비하면 잠시 앉아 있을 시간도 없이 바쁘게, 열심히 살고 있는 현재의 T군이 말했다. 그때 잔소리를 퍼부었더라면 방황의 시간은 오히려 더 길어졌을 거라고.

　　부부란 닮아가기 마련인 걸까. 그건 나 스스로에게도 해당되는 이야기가 되었다. 글이 써지지 않을 때는 안 되는 글 계속 붙잡고 앉아 있는 것보다 하루 종일 TV를 보거나 잠을 자거나 아무 생각 없이 놀아 제친다. '평생 이러고 살겠어? 언젠가 다시 써지겠지.' 그리고 이 방법은 3살 난 아란이에게도 적용되는데, 어떤 날은 한없이 착한 천사였다가 어떤 날은 두 손 두 발 다 들게 만드는 고집불통, 짜증쟁이 악마가 되는 우리 딸. '설마 너 평생 그렇게 짜증쟁이로 살겠니?' 하는 마음으로 기다려주려고 '노력'한다. 그러다 보

면 오히려 며칠 안 가 근사한 문장이 떠오르기도 하고, 아란의 짜증도 자연
스레 수그러든다. 때론 내버려두기가 채찍질보다 빠른 독촉 방법이 될 수도
있다는 사실! (물론 마음처럼 안 될 때도 많지만⋯.)

　"오늘 하루는 내게 맡기시라!"
　뉴욕에서의 어느 날, 습관처럼 오늘은 또 혼자 무얼할까 고민하고 있자
니, T군이 의기양양하게 말을 걸어 왔다. 뉴욕에서만큼은 친구들과 실컷 회
포를 풀도록 쿨하게 방임(?)하던 중 그가 먼저 내게 손을 내밀어 온 거다. 혼
자 떠났던 캐나다 여행에서 둘이 함께 돌아온 지 이틀이 지난 아침이었다.
　"모마MoMa 갔었어? 안 갔다 왔지? 뉴욕에 왔으면 모마에는 한 번 가줘야
지!"

하인라인 파크

모마 미술관

너스레를 떠는 T군의 목소리가 반갑다. 그의 말처럼 현대적인 아름다움
을 뿜어내는 모마 미술관은 뉴욕이라는 도시와 너무도 잘 어울리는 공간이
었다. 마티스, 모네, 달리, 반 고흐, 앤디 워홀 등 미술에 조예가 얕은 나 같은
사람들도 잘 아는 유명한 작가의 작품들과 비록 작가 이름은 몰라도 그 작
품만으로도 충분히 흥미로운 대형 미디어 아트, 쉬어 가는 의자까지 예술로
승화시킨 일상 속 예술을 한 곳에서 경험할 수 있게 해주는 곳, 모마.

모마 미술관을 둘러본 후 그가 나를 이끌고 간 곳은 첼시 마켓Chelsea
Market.

"나 여기 윤아 언니랑 와봤는데?"

"아니, 여기서 점심 먹고 우리는 하이라인 파크로 갈 거야."

ONE WAY

DEPT OF TRANSPORTATION

5 AV

NO
STANDING
ANY
TIME

DEPT OF TRANSPORTATION

DONT
WALK

　　잠시 첼시 마켓에 들러 점심을 먹은 후 T군의 손에 이끌려 하이라인 파크HighLine Park로 향했다. 최근에는 우리나라에서도 경의선 숲길이나 서울로 7017 같이 옛 철길이나 고가 도로가 새롭게 문화 공간으로 재탄생한 경우를 어렵지 않게 볼 수 있지만, 우리가 여행할 당시만 해도 듣도 보도 못한 파격적인 실험 공간이었다. 빌딩과 빌딩 사이를 가로지르는 공중 정원. 그야말로 '빌딩 숲'이라는 말이 어울리는 곳이지만, T군과 손을 잡고 함께 걷는 하이라인 파크는 단어가 주는 어감보다 훨씬 로맨틱했다.

　　첼시 마켓에서 시작된 우리의 산책은 뉴욕의 중심, 센트럴파크Central Park로 이어졌다. 영화 속에서 보던 것처럼 한 팔에 암밴드를 두르고 한 갈래로 질끈 묶은 머리를 달랑거리며 조깅을 하는 언니들이 가장 먼저 눈에 띄었다. 한낮이었는데도 조깅을 즐기는 사람들이 꽤 많았고, 어린아이들은 고삐 풀린 망아지처럼 센트럴파크를 자유롭게 날아다녔다. 어떤 이들은 나무 아래 벤치에 앉아, 어떤 이들은 돗자리를 펴고 누워 책을 보거나 연인의

센트럴파크의 한가로운 오후

얼굴을 뚫어지게 바라보고 있었다. 우리도 슬그머니 풀밭에 앉았다. 오리배가 저렇게나 낭만적이었던가? 호수 위 한가로이 떠 있는 오리배들마저도 '내가 바로 뉴욕의 오리배요.' 하고 으쓱거리는 것 같았다. 눈 코 뜰 새 없이 바쁘게 돌아가는 뉴욕의 중심부가 이리도 평화롭다니, 이리도 여유롭다니! 그렇게 한참을 멍하니 앉아 있는데, T군이 시계를 쳐다보며 외쳤다.

"가자, 오늘의 하이라이트를 즐기러!"

어둑어둑 해가 질 무렵 우리는 타임스퀘어로 향했다. 뉴욕에 입성한 첫날, T군이 이미 다 그려진 그림을 보여주며 '한때' 뉴요커였음을 뽐내던 그 거리를 지나 우리가 도착한 곳은 라이온 킹 전용 극장. 감동한 내 얼굴을 바라보는 T군의 어깨는 하늘로 승천할 듯 부풀어 있었다.

'그렇지, 이렇게 익살스럽게 작은 일 하나에 으스대는 게 T군이지.'

구겐하임 뮤지엄

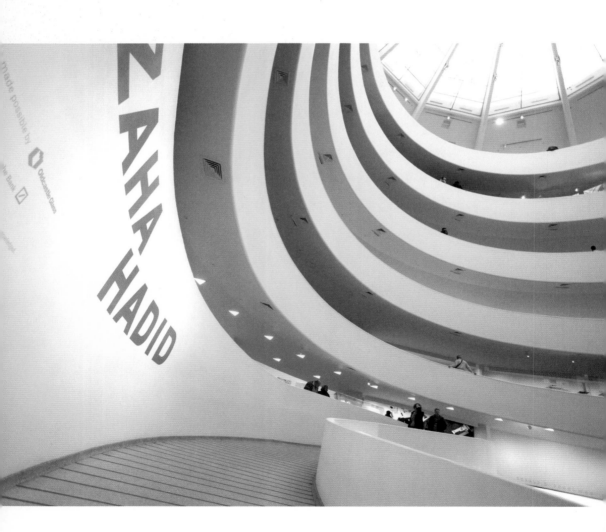

　　며칠 전, 공연이라도 볼까 혼잣말을 하며 고민하던 것을 들은 모양이었다. 영어가 서툰 내가 보기에 안성맞춤인 공연. 정말이지, 명성 그대로 공연을 보는 내내 시간이 어떻게 지나갔는지 모를 정도로 화려하고 유쾌했고, 생동감이 넘쳤다.

　　뮤지컬 관람을 마친 후 T군이 추천하는 야경 명소에서 T군의 손을 잡고, 반짝이는 뉴욕을 바라보았다. 뉴욕에 머무는 동안 있었던, 혼자 또 함께였던 많은 일들이 머릿속에 스쳐 지나간다. 24시간 잠들지 않는 도시, 세상 그 어느 곳과도 비교 불가한 도시, 사람과 자연, 문화가 한 데 뒤섞인 도시. 내일이면 이곳을 떠나 새로운 여행이 시작된다. T군이 선물한 오늘은 한 편의 영화 같이 완벽한, 어느 좋은 날One Fine Day!

당신과 함께라면 어디라도 좋아 Road Trip, Western U.S.A. /////////

She said.

꿈을 이루어본 자만이
또 다른 꿈을 꿀 수 있다.

　　해외 여행의 장벽이 낮아지면서 세계 여행을 다녀왔거나 다녀올 예정인 사람들, 현재 여행 중인 이들의 이야기가 심심치 않게 들려온다. 그런데 이들을 가만히 살펴보면 인생의 최종 목표를 그것으로 잡은 사람은 없다. 수험생에게는 입시가 한 단계 도약을 위한 목표이고, 취준생에게는 취직이 또 다른 발판인 것처럼 세계 여행도 인생을 살아가는 단계별 목표 중의 하나라는 것이다. 어쩌면 나도 그랬는지 모르겠다. 회사 잘 다니던 내게, 어느 날 문득 세계 여행을 떠나야겠다는 목표가 생겼고, 그 꿈은 또 다른 꿈으로 날 인도해주었으니까.

　　T군과 난 늘 새로운 꿈을 꾼다. 그건 세계 여행 중에도 마찬가지였다. 이번엔 여행 내내 바라왔던 캠핑카에 대한 로망을 실현할 차례. 미국의 캐년랜드Canyonlands 지역을 캠핑카로 일주하기로 했다. 목표를 정했으니 방법을 찾아야 한다. 조금 더 싸게, 아니면 조금 더 특별하게. 백방으로 알아본

결과 캠핑카를 싸게 렌트할 수 있는 방법을 찾아낼 수 있었다. 미국 유타 주의 솔트레이크 시티에서 네바다 주의 라스베이거스까지 캠핑카를 전달하는 조건으로 캠핑카 렌트비를 절반 이하로 받는 프로모션. 솔트레이크 시티에서 라스베이거스까지는 직선 거리로 약 7시간 정도가 걸리지만 실제 우리에게 주어지는 시간은 20일이었다. 잘 터지지 않는 인터넷과 며칠간 싸운 보람이 있었다.

　　우리가 전달해야 할 캠핑카는 4~5인승의 대형 캠핑카였다. 처음 캠핑카와 마주했을 때의 순간을 지금도 잊을 수가 없다. 몇 년간 처절하게 고생한 끝에 드디어 30평대 아파트가 생긴 기분이랄까? 때마침 들려오던 친구

들의 집 장만 소식이 하나도 부럽지 않았다. 내게도 두 발 뻗고 잘 수 있는 집이 생겼으니까. 결혼식을 치른 후 여행을 떠나기 전까지 난 T군의 자취방에서 생활했기 때문에 이 캠핑카는 내 손으로 꾸리는 첫 세간이고, 첫 살림이었다. 차를 인수 받자 마자 우리는 인근 마트로 향했다. 20일간 먹을 음식과 군것질거리들을 잔뜩 사서 냉장고에 차곡차곡 쌓아놓고 나니 그렇게 뿌듯하고 행복할 수가 없었다.

다음으로 널찍한 침대 위에 T군의 침낭을 펼쳐 요로 깔고, 내 침낭은 이불로 덮기로 했다. 호스텔에서도, 승용차에서 잠을 잘 때도 우리의 침낭은 각자의 몸을 보호하는 역할에 충실했었는데, 이렇게 한 이불 덮고 자는 게 얼마만인지…. 마지막으로 뉴욕 여행 중 마련한 미니 빔프로젝터를 볼 수 있는 하얀색 전지를 구입해 캠핑카 한쪽 면에 붙이고 나니 세상에서 가장 근사하고 로맨틱한 미니 영화관이 탄생했다. 그리고 시작되는 한 편의 영화 같은 캠핑카 여행.

그 20일 동안 우리는 캐년랜드를 포함하여 그랜드 캐년Grand Canyon, 브라이스 캐년Bryce Canyon, 자이언 캐년Zion Canyon, 엔텔롭 캐년 Antelope Canyon, 아치스 캐년Arches Canyon, 더 웨이브The Wave, 벅스킨 협곡Buckskin Gulch 등 미서부를 대표하는 풍광 속을 마음껏 누빌 수 있었다. 시간과 공간에 제약받지 않고 하는 여유로운 캠핑카 여행은 상상 이상으로 황홀했다. 유럽에서 렌터카를 변신시켜 겨우 잠만 잤던 거에 비하면, 언제 어디서든 밥을 해 먹을 수 있고 줄 서지 않고 샤워도 할 수 있는 캠핑카는 호화로운 궁전이나 다름없었다. 어쩌면 진짜 신혼의 시작. 그리고 그 꿈같은 시간들이 지금까지의 여정과는 또 다른 방식, 또 다른 여행의 길을 열어주었다. 한국이 막 그리워지려던 찰나 시작된 캠핑카 여행으로 앞으로 몇 년은 더 여행을 계속할 수 있을 것 같은 에너지가 솟았다.

그 밤, 나에겐 이루고 싶은 꿈이 또 하나 생겼다. 언젠가 캠핑카를 타고, 당신과 함께 끝을 정하지 않은 여행을 떠나고 싶다는 꿈.

스티브와 브라이언 Bucskin Gulch, U.S.A. ////////////

She said. 우연이 만들어낸 운명 같은 하루.

캠핑카 여행을 하며 미국 유타 주에 있는 카납Kanab이라는 마을에 머물렀을 때의 일이다.

"아니야, 여기도 없어."

해가 진 후 우리는 마을 곳곳을 돌며 도둑놈처럼 기웃기웃 염탐을 했다. 거북이처럼 느릿하게, 작은 마을의 이 구석 저 구석을 헤집고 다니기 시작한 지 여덟 바퀴만에 마침내 우리가 원하는 것을 찾을 수 있었다.

"그래, 바로 여기야! 여기서 와이파이가 터져!"

렌터카 여행의 경우 그날의 잠자리를 좌지우지하는 건 화장실의 존재 유무다. 그래서 휴게소 화장실 근처가 '차숙'의 명당이 된다. 하지만 화장실과 부엌까지 딸린 캠핑카라면 이야기가 또 달라진다. 다 가진 캠핑카 여행객에게 모자란 것은 딱 하나, 문명인의 필수품 와이파이. 우리나라처럼 인심 후하게 공짜 와이파이 퍼주는(?) 나라는 드물기 때문에 운이 좋아야 어쩌다 동네 한두 개쯤 비밀 번호가 없는 와이파이를 찾을 수 있다. 오늘은 운 좋게 코인 세탁소 옆 공터에서 와이파이 명당을 찾았다.

하루 일정을 마치고 퇴근하듯 이 공터로 돌아온 지도 벌써 나흘이 지났다. 코딱지만 한 마을에 나흘씩이나 머물고 있는 이유는 '더 웨이브The Wave'라는 관광지 때문이다. 옷깃만 스쳐도 쉽게 떨어져 나가는 사암층으로 이루어져 있어 하루에 딱 20명에게만 출입이 허락된 곳. 10명은 인터넷

을 통해 사전 신청을 받고, 나머지 10명은 매일 아침 9시에 마을의 인포메이션 센터에 직접 방문한 사람을 대상으로 제비뽑기를 해 결정된다. 인터넷 신청은 수 개월 전에 미리 해야 하고, 현장 제비뽑기는 매일 아침 적게는 몇십 명에서 많게는 몇 백 명까지 모인 사람들 중에 딱 10명만 당첨의 행운을 누리게 되는 것이다. 하루 20명의 규칙이 얼마만큼 엄격한가 하면, 제비뽑기로 뽑는 10명 중 8명이 뽑힌 상태에서 마지막으로 뽑힌 그룹의 인원 수가 3명이라면 그중 2명만이라도 갈 것인지 그룹원 모두가 포기할 것인지 정해야 할 정도이다. 그런 만큼 웨이브에 방문하기 위해서는 우주의 온갖 행운이 따라줘야 한다는 말씀!

다행히 카납 주변으로 자이언 캐년, 브라이스 캐년, 앤텔롭 캐년 등 유명한 관광지들이 몇 있어 우리는 카납을 기점으로 주변 지역을 돌아보면서, 매일 아침 9시면 인포메이션 센터로 출근 도장을 찍었다. 네 번째 도전의 날 아침, 맥없이 캠핑카 문을 밀어젖혔다. 오늘도 떨어진다면 깨끗이 웨이브를 포기할 작정이었다.

어? 못 보던 자동차네? 우리 캠핑카 옆에 나란히 주차된 빨간 승용차 한 대. 차창 안쪽엔 구겨진 배낭과 버너, 먹다 남은 빵 봉지와 찢어진 신문지, 아무렇게나 던져진 옷가지와 진흙 묻은 등산화 등이 빽빽이 들어차 있었다. 무질서한 물건들 사이로 커다란 무언가가 꿈틀대더니 이내 자동차 밖으로 툭 튀어나온다. 깜짝이야! 침낭? 아니, 누에고치에서 애벌레 기어나오듯 본래 색을 알 수 없을 정도로 꾀죄죄한 침낭 사이에서 40대 중반의 깡 마른 사내가 툭 고개를 내밀었다. 머리카락 한 올 한 올은 제각각 승천할 듯 치솟아 있고, 양 볼은 쾡하니 말라 있지만 눈빛만큼은 5살 아이처럼 반짝반짝 빛이 나는 사내였다. 말간 그의 눈과 마주친 내가 멋쩍게 웃고 있는 사이 반대편 문으로 그와 똑같이 생긴 사람이 한 명 더 걸어 나왔다.

스티브와 브라이언. 형은 LA에, 동생은 뉴욕에 살고 있는 이 쌍둥이 형제는 웨이브에 가보기 위해 몇 년째 함께 휴가 날짜를 맞춰 이곳을 찾는다 했다. 간단히 인사를 나눈 뒤 우리 넷은 '혹시나 오늘은…' 하는 마음으로 제비뽑기에 도전했다. 하지만 역시나 오늘도 두 팀 모두 실패. 이쯤에서 그만둘지, 좀 더 머물며 도전할 것인지 T군과 논쟁을 벌이는 사이 형제가 다가왔다.

"우리는 오늘 벅스킨 협곡에 트레킹 하러 갈 건데, 같이 가지 않을래?"

벅스킨 협곡? 처음 듣는 지명이었지만 양 엄지를 추켜세우며 정말 멋진 곳이라고 부추기는 말에 졸래졸래 형제를 따라나섰다. 얼마나 위험한 곳인지도 모른 채…. 벅스킨 협곡은 세상에서 가장 좁고 긴 캐년이다. 총 20km에 달하는 이 긴 협곡은 경험이 아주 많은 베테랑 트레커들조차 마음 놓고 접근하기 어려운 지역이라는 건 나중에 안 사실. 미국에서 가장 위험한 10대 트레킹 코스 가운데 하나라는 것도 나중에 안 사실. 벅스킨 협곡 전체를 왕복하려면 2박 이상의 캠핑을 병행해야 하지만 우리는 당일로 갈 수 있는 데까지만 다녀오기로 했다.

사람 한 명이 겨우 지나갈 수 있는 협곡

트레킹을 시작한 지 얼마 지나지 않아 보통 체격의 성인 한 명이 겨우 지나갈 수 있을 만큼 비좁은 협곡이 나타났다. 평소엔 마른 협곡이지만 약간의 소나기라도 내리는 날엔 협곡 사이로 빠르게 물이 차올라 금세 급류가 휘몰아치는 계곡으로 바뀐다 했다. 앞뒤 양 옆 어느 곳으로도 급류를 피할 수 있는 곳은 없으며, 사실 익사해서 죽는다기보단 센 물살에 휩쓸려 가다가 바위에 부딪혀 사망하게 된단다. 실제로 이 코스에서 목숨을 잃은 트레커들도 다수 있다는 스티브의 설명을 듣는 순간, 등골이 오싹! 내 표정을 읽었는지 적어도 오늘은 비 소식이 없다며 안심시키는 그의 표정이 익살스럽다.

그랜드 캐년이나 자이언 캐년, 브라이스 캐년과 호스슈 밴드Horseshoe Bend 등 캠핑카 여행을 하며 둘러보았던 자연들은 모두 세상 어떤 곳과도 비교할 수 없을 만큼 독특한 형세를 자랑했지만 벅스킨 협곡이야말로 그중 최고봉이라 할 만했다. 협곡이라는 점에서 앤텔롭 캐년과 유사하다 할 수 있겠으나 그보다 더 투박하고 거친 느낌. 자연 그대로의 자연, 그야말로 오지에 내던져진 느낌.

홍수에 떠내려온 자갈 무더기를 지나 비 온 후 채 마르지 않은 진흙 땅에 발이 푹푹 빠지며, 여기저기 협곡 사이에 끼어버린 커다란 돌과 나뭇가지를 온몸으로 기어 넘다 보니 어느새 우리의 모습은 거리에서 몇 달쯤 헤맨 부랑자 꼴이었다. 오늘 아침, 스티브 형제를 보았을 때의 딱 그 몰골이다.

한껏 구부린 양팔과 몸통은 W자를 유지한 채 양 손바닥으로 협곡 벽을 꼭꼭 눌러 짚으며 안쪽으로, 안쪽으로 한 걸음씩 들어가다 보니 어느 순간 절벽의 숨결이 고스란히 느껴졌다. 바위로 인해 깊게 패인 곳에서는 거친 숨소리가, 물살이 흐른 방향대로 빗살 무늬가 선명한 곳에서는 안도의 한숨이 느껴지는 듯했다. 직각으로 쭉 뻗은 절벽을 따라 고개를 치켜드니 조각난 푸른 하늘이 눈부시다. 캠핑을 하며 침낭에 누워 바라보는 밤하늘은 더욱 예술이라며 으쓱대는 스티브. 사실 말이 캠핑이지 침낭 하나에 몸을 맡긴 비박을 즐긴다 했다. 맨몸으로 맨땅, 아니 맨 자연에 누워 바라보는 은하수라니! 상상만으로도 가슴이 뛰는데 그 광경을 직접 본 그의 양 어깨가 올라가는 건 당연지사.

　다행히 정말 오늘은 비가 오지 않았다. 무사히 트레킹을 마치고 캠핑카로 돌아오는 길, 오늘따라 유난히 커다란 보름달이 우리의 앞길을 환하게 비춰주었다. 스티브 형제의 반짝이는 눈망울에 동해, 들끓는 호기심이 이끌지 않았다면 그냥 지나쳤을 벅스킨의 축복. 우리는 그 이튿날 거짓말처럼 더 웨이브 제비뽑기에 당첨이 되었다. 안타깝게도 스티브와 브라이언 형제는 이번에도 실패. 하지만 카납을 떠난 며칠 후 스티브에게 이메일이 한 통 날아왔다. 자기들도 드디어 웨이브에 당첨되었다고. 벅스킨 협곡에서 살아나온 우리는 역시 운이 좋은 사람들이 틀림없다.

B-side
Story /

#1

어느 깊은 밤, 허전함에 눈을 떠보니 옆에서 자고 있어야 할 T군이 없었다.
화장실에 갔나 생각하고 다시 눈을 붙였는데, 한참이 지나도 들어오지 않
는 T군.
'아니, 이 인간이 오밤중에 어딜 간 거지?'
T군을 찾으려 몸을 일으키려는 찰나, 캠핑카 문이 벌컥 열린다.
"도망이라도 간 줄 알고 깜짝 놀랐잖아. 어디 갔다 왔어?"
사진을 찍고 왔노라 대답하는 T군의 손엔 카메라가 들려 있지 않았다. 카
메라도 없이? 서울 한복판이었다면 충분히 의심(?)의 눈초리를 받을 만한
상황.
"저기, 저기에 카메라 있잖아."
헤벌죽 웃으며 가리키는 T군의 손가락 끝에는 정말 삼각대 위에 꽂힌 카메
라가 있었다.
"밤하늘의 별을 찍을 거니까 1시간 이상 장노출로 찍어야 해."
시계를 보니 새벽 2시가 지나고 있었다. 장노출은 무엇이며, 1시간이 넘게
저대로 두고 찍는다고?

우리는 잠시 서로의 얼굴만 바라보았다. T군이 먼저 입을 연다.

"라면 끓여 먹을까?"

새벽 2시, 은하수가 흐르는 적막한 대자연 속에서 들리는 보글보글 라면 끓는 소리, 잊지 못할 행복의 라면 맛을 어찌 말로 설명할 수 있으랴.

세상에는 말로는 전할 수 없는 순간들이 너무나 많다.

#2
~~~~~~~~

"이 진한 수프 이름이 뭐야? 뱃속을 가득 채우는 포만감이 온몸에 전해지는 것 같아. 게다가 맛도 좋아!"
며칠째 몸이 안 좋았다는 쌍둥이 형제 중 형 스티브가 흥분한 목소리로 말하고는 양손 엄지를 번쩍 치켜들었다. Two thumbs up!
"곰탕이라는 거야. 소의 뼈를 가지고 오랫동안 끓여서 만든 진한 수프지^^
한국인들도 그 수프, 우린 '국'이라고 해, 마시면 기운이 난다고 말하곤 해."
"우와! 내가 다니는 병원의 의사 선생님이 '곰탕'이라는 한국 음식을 먹어 보라고 권한 적이 있어. 기력 회복에 좋다고 했던 게 기억난다. 이게 바로 동양의 신비함이 가득 담긴 그 음식이구나! 나 더 먹을래~"
깡마른 체격의 그가 곰탕 네 그릇을 싹싹 비운 후에야 볼록해진 배를 두드리며 숟가락을 놓았다. 뭔가 친구에게 도움이 된 것 같아서 마음 한구석이 뿌듯하다. 서로의 문화를 알아간다는 게 이런 거겠지? 그나저나 내일 아침 거리는 새로 만들어야겠네.

고민의 순간이 있다.

그럴 때면 이정표가 나아갈 길을 제시해주면 좋겠다.
형형색색으로 칠해져 있는 아름다운 길을 제시해주면 좋겠다.

하지만, 수많은 아름다운 이정표 앞에서 선택은 결국 나의 몫이다.

목숨걸고 인생샷 The Wave, U.S.A.

She said. 욕심은 화를 부르고….

//////////

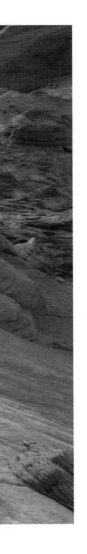

　　4전 5기만에 '더 웨이브' 방문권을 얻어냈다. 제비뽑기에 떨어진 수십 명의 사람들이 허탈한 표정으로 돌아가자 센터 내에는 승리감을 만끽 중인 10명만이 환한 미소를 띄우며 남았다. 센터 직원은 트레킹 중의 주의사항을 일러주며, 웨이브 방문 허가증과 A4용지 한 장을 나눠주었다. A4용지에는 11장의 사진이 인쇄되어 있었는데, 웨이브가 훼손될 것을 우려해 표지판을 세우지 않고 이렇게 사진 속 봉우리 모양을 보고 목적지를 찾아가도록 지도로 만든 것이라 했다.

　　다음 날 아침, 웨이브에 도착하면 인생 사진을 찍겠노라는 일념으로 고른 원피스에 얇은 가디건을 덧입고서 길을 나섰다. 반드시 마실 물을 1리터 이상 준비하라 신신당부를 했을 만큼 건조하고 삭막한 황야를 2시간쯤 걷자 드디어 모습을 드러낸 '더 웨이브'. 인터넷에서 접한 사진은 빙산의 일각일 뿐, 그보다 백 배쯤은 신비롭고 멋진 풍경이 360도로 펼쳐졌다. 다른 여행지는 마음만 먹으면 다시 갈 수 있지만 이곳은 평생에 언제 또 올 수 있겠나 싶어 머무는 한 걸음 한 걸음, 1분 1초가 너무도 소중했다.

　　우리는 더 웨이브를 스튜디오 삼아 작품 사진, 기념 사진, 코믹 사진 등을 찍으며 시간 가는 줄 모르고 놀았다. 그러다 지치면 물결치는 바닥에 벌렁 누워, 하늘을 쳐다보며 준비해 간 샌드위치 한 입 베어물고, 한바탕 신나게 노는 사이 어느덧 뉘엿뉘엿 해가 저물기 시작했다.

　　"T군, 이제 돌아가자!"

"이곳에서 내 인생 최고의 작품을 찍을 수 있을 것 같아. 지금껏 아무도 찍지 못했던, 웨이브에서 보름달이 떠오르는 사진을 찍고 싶어. 집으로 가는 길은 걱정 하지마. 어제 벅스킨 협곡에서 돌아올 때도 달빛에 길이 환했 잖아."

인생 사진을 찍겠다는데 어찌 더 말리랴. 난 웨이브의 가장 높은 너울 위에 자리를 잡고 앉아 지는 해를 바라보았다. 세상 이렇게 아름다울 수가, 세상 이렇게 평화로울 수가, 세상 이렇게 행복해도 되나. 그때 뒤에서 T군이 다시 외쳤다.

"N양, 진짜 인생 사진 한 번 찍어볼래? 어차피 여긴 지금 우리 둘뿐인데, 누드 사진 어때?"

남세스럽게 무슨 누드 사진이냐며 손사래를 쳤지만 그의 말에도 일리는 있었다. 심호흡을 한 번 하고, 누드 사진에 도전! 아무리 둘뿐이라 해도 하늘이 보고, 땅이 보고 있으니 창피하여 5분만에 다시 옷을 입기는 했지만….

　　해가 완전히 떨어지고, 달 사진을 찍기 위해 한참을 기다렸지만 달은 떠오르지 않았다.

　　"뭔가 이상한데? T군! 오늘은 날이 흐려서 달이 보이지 않는 것 같아!"

　　낮 동안 티끌 하나 없이 맑았던, 조금 전엔 아름다운 노을까지 선사해주었던 하늘엔 진회색 구름이 잔뜩 끼어 있었다. 바로 옆에 선 T군의 실루엣조차 보이지 않을 만큼 세상은 검게 물들고 있었다. 그제서야 얼른 돌아가야겠다는 T군의 목소리에는 잔뜩 긴장이 묻어났다. 그도 그럴 것이 인쇄된 사진 속의 봉우리들이 하나도 보이지 않았기 때문이다. 정전된 지구, 완전한 어둠 속에 갇혀버렸다. 전파도 터지지 않는 검은 우주 속에 갇혀버린 것이다. 내가 휴대폰 손전등을 켜려 하자 T군이 만류한다.

　　"조금 있으면 어느 정도 보일 거야. 우리 휴대폰 배터리 얼마 없잖아. 혹시 모를 상황을 대비해 남겨 놔야지. 어둠에 눈이 익숙해지면 괜찮을 거야."

　　우리는 손을 맞잡고 방향을 잡아 길을 나섰다. 배낭 속에서 여분의 끈을 찾아 혹시 모를 일에 대비해 서로의 허리에 묶었다. 한 치 앞도 보이지 않았기 때문에 한 발을 먼저 내디뎌 바닥을 살핀 후 다음 발을 디디며 조금씩, 아주 조금씩 움직였다. 그렇게 한참을 헤맸으나 마주한 건 처음 보는 풍경이었다. 사실 뭐 제대로 보이질 않았으니 처음 보는 풍경이라기보단 처음 느끼는 풍경이랄까.

　　"T군, 잠깐만! 휴대폰 손전등 좀 켜봐!"

　　손전등을 켜자 보이는 길 옆은 끝이 보이지 않는 낭떠러지. 돌아가는 길이라 생각했던 그곳이 잔도였을 줄이야! 등골이 서늘했다.

　　"우리 이렇게 높은 곳에 오른 적 없잖아. 뭔가 잘못됐어! 출발했던 위치

로 돌아가 날이 밝을 때까지 기다리자. 아니면 거기서 다시 길을 찾는 게 맞을 것 같아!"

정말 위험한 상황이었기에 손전등을 그대로 밝힌 채 우리는 다시 웨이브의 출발점으로 향했다. 다리가 덜덜 떨리고, 식은땀이 줄줄 흘렀지만 이대로 이곳에 뼈를 묻을 순 없었다. 아무도 우리를 찾아내지 못할 곳이었으니까. 원점으로 되돌아왔을 때쯤 구름 사이로 한 줄기 달빛이 비치기 시작했다. 이 기회를 놓쳐선 안 되었다. 정신을 가다듬어 눈알이 빠질세라 인쇄된 종이 속 봉우리를 찾았다. 지형의 대부분이 사암으로 되어 있어 오고 간 사람들의 발자국을 따라가는 것은 불가능했다. 하지만 아주 짧은 구간, 모랫길이 난 곳이 있는 걸 기억하고 있던 우리는 한 명은 바닥, 한 명은 봉우리를 바라보며 길을 걸었다. 모래 위 사람들이 지나간 발자국을 놓치지 않기 위해서….

잠시도 쉴 수 없었다. 기온이 뚝 떨어져 걷는 걸 멈추면 한기가 들었다.

저녁을 먹지 못해 허기진 배를 하나 남은 초콜릿으로 채우고, 몇 모금 남지
않은 물로 입술만 적시며 몇 시간을 더 헤맨 후에야 드디어 찾아낸 모래 위
희미한 발자국 몇 개. 그제서야 T군의 얼굴에 미소가 떠오른다.

"됐어!"

우리는 거의 네 발로 기다시피 마지막 힘을 짜내고 짜내어 캠핑카로 돌
아왔다. 세계 여행 중 죽을 뻔한 두 번째 사건이었으며, 첫 번째인 남미 여행
중 일어난 스쿠버 다이빙 사건보다 훨씬 더 아찔하고 위험한 순간이었다.

오로라, 밤의 신이시여 Yellowknife, Canada　//////////

She said.

제 여행이 늘 옳다는 건 아닙니다.

　여행 중 우리는 늘 미련했다. 빠른 길을 두고 몇 날 며칠을 굽이굽이 돌아서 간달지, 따뜻한 숙소 대신 도로변에 차를 대고 노숙을 한달지…. 그래서, 그 끝이 더 찬란했는지도.

　대한민국의 겨울은 드라마 '도깨비' 열풍으로 가득했다. 드라마 속의 신은 퀘백에 머물렀지만 사실 내 마음 속 '찬란하고 쓸쓸하 신神'이 계신 곳은 따로 있다. 긴 신혼 여행의 대미를 장식한 곳, 옐로우나이프Yellowknife다. 누구나 죽기 전 한 번은 마주하고 싶은 오로라가 아닌가. 인생의 버킷리스트에서 늘 상위권을 차지하는 오로라, 하지만 직접 본 사람이 몇이나 될까? 여행 시작 후 줄곧 따뜻한 나라로만 향했던 우리는 기꺼이 영하 40도의 얼음 나라에 뛰어들기로 작정한다.

　하지만 오로라 찬양에 앞서 캘거리에서 옐로우나이프로 가는 1,800km, 왕복 3,600km에 대한 웃음기 싹 뺀 이야기부터 시작해야겠다. 당시 우리에게는 돈보다 시간이 많았다. 캘거리에서 옐로우나이프로 가는 가장 쉬운 방법은 단 2시간이면 도착하는 비행기에 오르는 것이었지만 우리는 당연하다는 듯 렌터카를 선택했다. 캘거리 공항에서 차량을 렌트한 후 에드먼튼까지 반나절, 도로 옆 하얀 눈으로 뒤덮인 아름다운 세상을 바라보며 역시 차로 이동하길 잘했다고 우쭐대는 T군과 함께 희희낙락 도시를 빠져나오는 길이었다. 그날따라 유독 자주 눈에 띄던 자동차 사고. 두세 대씩 추돌한 사고는 예사, 4중, 6중, 8중 추돌은 물론이고 거꾸로 뒤집힌 자동차도 여럿이었다. '아니, 캐나다가 이렇게 사고가 많은 나라였나?' 고개를 갸웃거리는 찰나 T군이 소리친다.

"도로가 이상해! 차가 이상한가? 아니, 도로가 이상해!"

블랙 아이스Black Ice. 눈과 습기가 도로 표면의 틈새로 스며들었다가 기온이 갑자기 떨어지면서 생기는 얇은 얼음 막을 가리키는 용어다. 두껍게 얼면 흔히 볼 수 있는 반짝반짝 빛이 나는 빙판길이 되겠지만 표면만 살짝 언 블랙 아이스는 육안으로는 도저히 구분할 수가 없다. 즉, 주행하던 속도를 줄일 새도 없이 그대로 얼음 위로 올라가버린다는 얘기. 당황해서 브레이크를 살짝이라도 밟게 되면 자동차는 이미 통제할 수 없이 휘돌아버린다.

오로라 관측뿐만 아니라 개썰매도 체험할 수 있다.

오로라 빌리지의 티피들

문제는 방금 전까지 멀쩡하던 도로가 단시간에 이런 현상이 생길 수 있다는 것. 남의 일인 양 스쳐 지난 조금 전의 그 사고들이 지금 당장 내가 겪을 수도 있는 일이 된 것이다. 빌린 렌터카는 스노우 타이어 차량도 아니었고, 미처 스노우 체인도 빌리지 못한 상황이었다. 사태의 심각성을 파악한 우리는 옐로우나이프로 가는 도중 렌터카 회사를 찾아 스노우 체인을 빌릴 생각이었다.

결론부터 말하자면 도시라 부를 수 있을 크기의 마을은 만날 수 없었다. 결국 캘거리에서 옐로우나이프를 잇는 1,800km의 거리를 3박 4일간 시속 40km로 기어서 이동했다. 그리고 그중 두 밤을 차에서 보냈다. 잠을 잘 수 있는 숙소를 찾을 수 없었기 때문이다. 뛰어가는 게 차라리 빠르겠다는 생각이 들 정도로 천천히, 안전을 먼저 생각하여 이동했다. 뭐라도 사 먹을 데가 보이면 시간에 상관 없이 끼니를 때웠고, 해가 진 후엔 최대한 안전을 확보할 수 있는 쉼터에 차를 세우고 잠을 청했다. 한국으로 떠나는 비행기표를 미리 예매해두었기 때문에 마음이 급했다. 그렇지만 언제 어느 순간 나타날지 모를 블랙 아이스 때문에 속도를 낼 수도 없었다.

이동 첫날 밤, 숙소를 찾지 못한 우리는 차에서 밤을 지새웠다. 설상가상
으로 기름도 넉넉지 않았다. 이러다 얼어 죽겠다 싶을 시점에 딱 한 번 히터
를 틀었을 뿐, 극한 체험이 따로 없었다. 이틀째 되는 밤, 운 좋게 이 한겨울
에 운영 중인 모텔을 발견했고 그 밤은 따뜻했다. 하지만 다음 날 우리는 경
악하지 않을 수 없었다. 자동차 트렁크에 있던 1.5리터짜리 물 10병이 모두
돌덩이처럼 딱딱하게 얼어 있었던 것. 영하 40도의 위엄이었다. 결국 세 번
째 밤도 차에서 잠을 잤다. 여행을 시작한 후 처음으로, 천천히 돌아가는 여
행이 늘 옳지만은 않다는 걸 인정할 수밖에 없었다.

생사의 갈림길에 서는 고비를 여러 차례 넘긴 후 도착한 옐로우나이프.
도시 내 전광판에 적힌 숫자는 −26을 가리켰지만 눈에 보이는 숫자 따위는
중요치 않았다. 크리스마스를 며칠 앞둔 도시의 불빛들이 그렇게 따뜻하게
느껴질 수가 없었다. 성냥팔이 소녀가 넘겨다본 창문 너머 세상이 이랬을까
생각하며 인포메이션 센터 앞에 차를 멈추었다. 다시 돌아갈 길을 생각하면
옐로우나이프에 머물 수 있는 시간은 3일 정도. 인포메이션 센터에서 얻은
정보를 바탕으로 3일 밤과 낮의 계획을 세웠다.

첫날은 오로라 빌리지 투어를 다녀왔다. 호텔 앞으로 찾아온 픽업 버스가 어둠의 통로를 지나 동화 같이 아름다운 오로라 빌리지 내부에 사람들을 풀어 놓는다. 삼삼오오 짝을 지어 숲속으로 걸어들어가는 사람들의 뒷모습이 마치 작은 눈의 요정들처럼 나풀거렸다. 오로라 관측을 위해 특별히 만들어진 이 빌리지 내부에는 원주민들의 원뿔형 전통 천막인 '티피'가 여러 개 있다. 티피 내부에는 난로, 테이블과 의자, 다과 등이 마련되어 있어 오로라의 출현을 기다리며 극지방의 추위에 맞서야 하는 사람들의 보금자리가 되어준다. 티피 안에서 몸을 녹이고 있는데, 밖에서 들리는 사람들의 환호성. 아! 그분이 나타났구나!

오로라 빌리지는 생에 꼭 한 번은 들러야 할 멋진 곳으로 손꼽기에 손색이 없지만 1일 경비가 인당 10만원을 호가하기 때문에 두세 번씩 이용하기에는 무리가 있었다. 둘째 날, 우리는 렌터카를 타고 오로라가 출현하는 지역을 직접 찾아 나섰다. 옐로우나이프의 지리를 잘 모르거나 오로라 관측 지수에 대한 지식이 없다면 고생은 고생대로 하고도 실패할 확률이 높아 개별 여행객에겐 추천하지 않는 방법이지만 우리가 자리잡은 곳 옆에 오로라 헌팅 차량이 있는 걸 보며 자신할 수 있었다. 오늘 밤, 나타나겠구나. 그분!

다행히도 사서 고생하며 도착한 옐로우나이프 곳곳에서 3일 내내 오로라를 마주할 수 있었다. 그분은 너무도 자유분방했고, 한없이 경이로웠다. 언제 어느 순간, 어디에서 나타날지 인간은 알 수 없다는 점이 특히 마음에 들었다. 예정된 것도, 예측할 수 있는 것도 없었다. 그저 신의 마음 가는 대

로 나타났다 사라지기 때문에 하염없이 기다릴 수밖에 없는 것이다. 누군가에게는 그 기다림이 아주 짧을 수도 있고, 누군가에게는 조금 길 수도 있다. 분명한 건 오로라를 보는 순간 신기하리만치 모든 것이 괜찮아진다는 사실. 꽁꽁 언 손과 발도, 기다림에 지친 마음도 눈 녹듯 사라진다. 희미하게 시작된 오로라가 차디차고 쓸쓸한 거대한 밤하늘을 순식간에 뒤덮는다. 녹색, 보라색, 핑크색 등이 혼합된 거대한 커튼이 되어 찬란하게 휘날린다. 어느 순간 휙 사라지는가 싶더니 반대편 하늘에서 다시 소생한다. 신의 영혼, 마

법 같은 대자연을 마주하며, 그 위대함 앞에서 나는 그저 너무도 어린, 작은 존재임을 깨닫는다.

인생에서 'If(만약에)'가 가능하다면… 물론 여기에는 덧붙여야 할 조건이 있다. 현재의 기억을 갖고 있는 'If'인지 그렇지 않은 'If'인지. 다시 옐로우나이프로 향하는 출발점에 서게 된다면, 전자라면 당연히 비행기를 택할 테지만 후자라면 우리는 지난 여행과 똑같은 길을 걸어갈 것임을 안다. 그리고, 그래서 그 끝이 더 찬란하게 빛났음을….

B-side
Story /

#1
~~~~~~

캘거리에서 옐로우나이프까지 렌터카를 이용하기로 한 데에는 한 가지 이유가 더 있었다. 인터넷에서 본 사진 한 장, 아이스 버블이다. 이 신비로운 현상을 옐로우나이프로 가는 길에 들릴 수 있는 에이브러햄 호수Abraham Lake에서 볼 수 있다는 정보를 찾은 후 무작정 그곳으로 향했다. 아이스 버블은 호수 바닥에 서식하는 식물이 메탄가스를 배출하면서 수온이 낮은 수면으로 상승하다가 그대로 얼어붙어 생기는 현상이다. 우리가 방문한 시점은 초겨울이라 완벽하진 않았지만 다행히 아이스 버블을 볼 수 있었다.

잠도 제대로 못 자며 캘거리에서 옐로우나이프를 왕복하는 데에만 꼬박 일주일이 걸렸다. 길 위에서 말이다. 우리의 여행은 늘 느리고, 때론 미련해 보이기까지 했지만 이 멋진 풍경을 직접 볼 수 있었다는 것만으로 그 미련함이 도전적이고, 진취적인 자세로 승격되었다고 고집해본다.

#2

블랙 아이스. 처음 듣는 현상이었다. 멀쩡한 도로 위에서 자동차가 흔들흔들 엉덩이 춤을 췄다. 직접 도로 상태를 확인해보기 위해 차량이 드문 곳에 차를 세웠다. 도로 옆 갓길에 세우려고 시도하다 자칫 미끄러지는 날엔 지나오면서 여러 차례 보았던 뒤집어진 바퀴벌레 같은 꼴이 날 것 같아서, 위험을 무릅쓰고 도로 한복판에 스르륵 멈출 수밖에 없었다. 직접 만져보기 전에는 어디가 얼음이고, 어디가 맨 땅인지 도대체 구분을 할 수가 없었다. N양이 위험하니 어서 출발하자고 재촉하는 그때, 눈 앞에서 믿을 수 없는 일이 벌어졌다. 반대쪽 차선에서 달려오던 하얀색 트럭이 내 머리 위로 붕 날아올랐다. 트럭은 쭈그리고 앉은 내 머리 위를 넘어 360도를 회전한 후 건너편 눈 쌓인 언덕 위에 착지. 너무나 순간적으로 벌어진 일이라 사태 파

악을 할 겨를도 없었다. 렌터카를 도로 위에 그대로 세워두기엔 너무 위험
했다. 난 운전석으로, N양은 차에서 나와 착지한 트럭을 향해 달렸다. 다행
히 안전벨트를 메고 있었던 운전자는 정신을 차린 후 문을 열고 혼자 걸어
나왔다. U턴을 하려다 차가 순식간에 미끄러졌고, 차는 마치 체조 선수처럼
공중에서 한 바퀴를 돈 후 1m가량 쌓인 눈 위로 안전하게 떨어진 것이다.
내가 쭈그리고 앉아 있지 않았다면…, 1m만 발걸음을 옮겨 서 있었더라면
차에 치었을지도 모를 아찔한 상황이었다. 생과 사는 정말 작은 한순간의
차이로 결정이 나는지도 모르겠다.

Letter

to

YOU

사랑하는 딸에게

우리가 랭리에 머문 지도 어느새 3주가 지났네.
겨울에 출발한 우리의 여행에도 어느덧 완연한 봄 기운이 깃드는 구나!

첫날, 경계심에 짖기만 하던 주인집 개 찰리와
쭈뼛쭈뼛 내 등 뒤로 숨기만 하던 너…
이제는 친한 친구가 되었네.

나는 네게 개 다리가 4개임을 가르쳐주지 않을 거야.
일 년 반 전 교통사고로 다리 하나를 잃은 찰리지만
녀석은 잘 뒹굴고, 잘 뛰고, 심지어 수직 점프도 수준급이지.

어느 날 네가 개 다리가 몇 개냐는 문제에
3개라고 써 내도 괜찮은 엄마가 되고 싶다.
나는, 네가 여행을 통해 지식이 아닌
세상을 바라보는 마음의 눈을 갖게 되었으면 해.

.

여행을 사랑하는 엄마가

오 아 란

스스로도 어디로 튈지 알 수 없는 질풍노도의 일춘기를 겪고 있다. 강원도 어느 캠핑장에서 100일을 맞이했고, 600일이 되던 날 캐나다의 겨울 속으로 첫 해외 여행을 떠났다. 여행지 (숙소)에 도착하면 가장 먼저 하는 말은 "여기가 오늘 우리 집이야?". 현지 숙소에서 뒹굴거리는 걸 좋아한다. 느지막이 일어나 놀이터 탐방을 즐기며, 세계 각지의 꼬꼬(새)들 만나기가 인생 최대의 목표다.

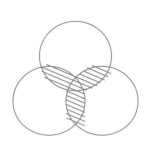

여행, 우리가 만나다

70m 낭떠러지 위로 드리워진 다리를 앞에 두고
아버지 뒤에 어머니,
어머니 뒤엔 아란이를 품에 안은 나,
내 뒤에는 T군이 줄을 섰다.

여행은 그렇게 나와 당신을 우리로 바꾸어놓는다.

캐나다 횡단 기차 여행 From Vancouver to Edmonton by Viarail, Canada

////////

He said.

기차가 어둠을 헤치고
은하수를 건너면~

　　그땐 그랬다. 고등학교를 졸업하면 통과의례처럼 부산으로 가는 밤 기차에 몸을 실었다. 기차에서 밤을 지새운 후 부산 앞바다에서 떠오르는 해를 맞이하는 것. 20대의 시작을 낭만의 아침으로 시작하는 것. 20대를 눈앞에 둔 어린 고교생에게 이만한 유혹이 또 있을까?

　　나 또한 그런 꿈을 안고 밤 기차에 올랐지만 현실에 낭만이란 건 없었다. 내 몸 하나 끼워 넣기 힘들 정도로 좁은 좌석, 그 공간마저도 옆자리 아저씨에게 반 이상 점령 당하기 일쑤였고, 담배에 찌든 아저씨 냄새와 쉼 없는 코골이를 겨우 이겨낼 만하면 들려오던 갓난 아기의 울음 섞인 칭얼거림에 그나마 억지로 청하던 잠마저 이내 달아나버렸다. 몽롱해져 가는 의식과는 반대로 너무나도 선명하게 열차 안을 메운 형광등 조명은 또 얼마나 얄미울 정도로 밝았던지. 자다깨다를 무한 반복하던 그 순간, 열차 안의 모든 불빛이 갑자기 사라졌다. "정전입니다. 금방 다시 켜집니다." 승객들을 안심시키기 위해 돌아다니던 역무원의 다급함과는 어울리지 않는, 정전이 만들어낸 정적 속에서 그동안 숨죽이고 있던 밤하늘의 빛들이 하나 둘 열차 안으로 들어왔다. 아스라히 빛나는 달빛이 먼저 열차 안을 돌아다니며 밤 기차에 매달려 있던 사람들의 꿈과 낭만을 깨우기 시작하자 이내 밤하늘을 밝히던 별빛이 한 가득 쏟아져 내려온다.

"정전이 끝났습니다." 꺼져 있던 형광등에 눈부시게 밝은 불들이 일제히 들어왔다. 열차 안을 가득 메우던 달빛과 별빛들은 순식간에 모습을 감추었다. 잠깐이었지만 너무도 달콤했던 그때의 기억이 조금씩 희미해져 갈 무렵, 캐나다의 비아레일Viarail을 만났다.

캐나다를 여행하는 방법 중 가장 낭만적인 걸 꼽으라면 두말 않고 기차 여행이라 대답하겠다. 태평양의 도시 밴쿠버에서 대서양의 도시 할리팩스Halifax까지, 그야말로 아메리카 대륙을 횡단하는 어마어마한 라인이다. 그중에서도 가장 유명한 건 바로 밴쿠버에서 위니펙Winnipeg까지의 구간. 2박 3일간 로키 산맥을 곳곳이 훑으며 지나가는 이 구간은 누구나 탐할 만큼 매혹적이다. 그런데… 한겨울 로키 산맥으로 떠나는 기차 여행? 온 세상이 흰 눈으로 하얗게 덮이는 겨울 여행이 한없이 아름다울 것 같지만 추위에 떨면서까지 시도해보기엔 글쎄, 선뜻 내키지가 않는다. 하지만 기차 안

아늑한 비아레일 열차의 내부

에서 따스한 핫초코를 손에 들고 눈 덮인 로키 산맥을 바라볼 수 있는 겨울 여행이라면 어떨까? 우리는 그런 설렘을 안고 기차에 몸을 실었다.

큰 몸집을 덜컹이며 밤새 움직이던 기차는 고요한 겨울 호숫가 곁에서 걸음을 멈추었다. 삼삼오오 식당 칸으로 모여든 사람들은 아침을 먹기 위해 자리를 잡는다. 커다란 창문 옆에 놓인 테이블에 둘러 앉자 저 멀리 여명이 밝아온다. 파아란 겨울 그림이 창가에 새겨지는 것을 바라보며, 커피 한 잔을 들이킨다. 아침을 맞이하기에 더없이 좋은 순간이다. 동요 없는 호수처럼 조용히 아침 식사를 마친 사람들이 하나 둘 자리를 뜨자 이내 기차도 무거운 기지개를 켜며 천천히 산 속으로 들어가기 시작했다. 어느새 차창 밖은 호숫가에서 나무 숲으로 옷을 갈아 입었다.

커피 한 잔과 책 한 권을 손에 쥐고 파노라마 칸으로 이동했다. 열차의 2층, 그러니까 계단으로 연결된 일종의 관람석 같은 모양새의 파노라마 칸은 지붕과 벽면이 모두 유리로 되어 있다. 덕분에 승객들은 일반 열차라면 한 눈에 다 담을 수 없는 드넓은 풍경을 온전히 만끽할 수가 있다. 창 밖에 매달린 다양한 풍경을 안주 삼아 N양은 맥주 한 캔을 들이킨다. 하얀 눈으로 뒤덮인 삼나무 가지들이 차창을 살며시 쓰다듬는다. 숲길을 지나자 밤 사이

내린 서리로 뒤덮인 들판이 두 팔을 벌려 기차를 맞이한다.

　어느새 길동무가 되어준 강물 위로 피어 오르는 물안개가 아침 햇살에 반짝이자 조용히 잠자고 있던 오리 떼들이 '푸드득' 날아오른다. 옆자리에서 말없이 차창 밖을 보시던 어머님이 말씀하신다. "이 멋진 풍광들을 이렇게 편하게 바라볼 수 있다니… 꿈속을 달리는 기차 같아." 그럴지도 모르겠다. 꿈속에서나 볼 법한 아름다움을 꿈꾸듯이 바라보고 있으니 말이다. 기분 좋게 흔들리는 의자에 몸을 기대고 책을 펼쳐 들었다. 마침 책 속의 아이도 깊은 산속을 여행 중이다. 아이와 함께 신비로운 숲 속을 거닐다 잠시 고개를 들자 글 속에 숨어 있던 그림들이 눈앞에서 펼쳐진다.

　꿈결처럼 감미롭던 시간, 얼마나 지났을까? 붉은 노을로 물들었던 하늘은 어느새 까만 어둠으로 가득하다. 밤이 되었지만, 파노라마 칸의 불은 켜질 줄을 모른다. 정전인가? 의구심 가득한 내 눈길을 읽었는지 승무원이 말을 건넨다. "밤하늘의 달빛과 별빛을 볼 수 있게 실내 등을 최대한 줄였어요." 그 세심한 배려 덕분에 머리 위로 떠 있는 수천 아니 수만 개의 별들이

함께 달리는 것을 느낄 수 있다. 그 옛날 밤 기차에서 잠시간 누렸던 정적의 아름다움이 끝없이 이어지는 순간이다. 은하철도 999가 검은 은하수를 유영하듯이, 칠흑 같은 어둠을 헤치고 반짝이는 별들을 이정표 삼아 달리는 기차. 꿈이 현실이 되어버린 마법의 기차 여행 속에서 오직 하나의 안타까움은 이 길의 끝엔 종착역이 있다는 것.

마법에 걸린 겨울 왕국   Edmonton, Canada   //////////

He said.

낭만으로 가득 찬
겨울 왕국으로 떠나요.

　엘사 공주의 이름이 단짝 친구처럼 익숙하다면, 새하얀 눈으로 뒤덮인 투명한 얼음 성에서 아침을 맞이하길 꿈꾸어봤다면, 캐나다 애드먼튼 Edmonton의 '아이스 캐슬Ice Castle'은 당신을 위한 왕국이 되어줄지도 모른다.

　여름에는 시민들의 휴식처 역할을 하는 호렐락 공원William Hawrelak Park은 겨울이 되면 12,500톤에 달하는 어마무시한 얼음들로 만들어진 얼음 나라를 품에 안는다. 'Ice Castle'이라 불리는 이 얼음 축제는 오직 얼음으로만 만들어진 하나의 나라다. 단순히 '성'이라고 불리기에는 크기와 다양성이 굉장히 다채로워서 얼음 왕국이란 말이 더 어울린다.

　방문 전 방한 장갑, 부츠 등 월동 장비들을 단단히 챙겨 입고 가야 한다. 이곳에서는 존재하는 모든 것이 얼음으로 되어 있으니까. 얼음 성에 들어가면 한쪽에 얼음으로 만들어진 왕좌가 놓여 있다. 왕과 왕비가 되어 인증샷 하나 정도는 남긴 후 주위를 둘러보면 온통 얼음으로 만들어진 엄청난 세계가 펼쳐진다. 머리 위로 아슬아슬하게 떠 있는 얼음 징검다리 밑으로 지나

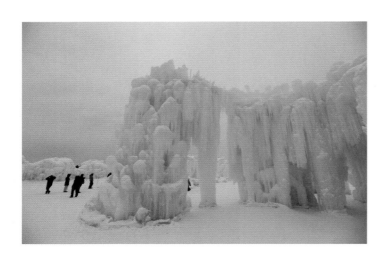

칠 때면 방문객들을 향해 그 끝을 겨누고 있는, 금방이라도 떨어져 내릴 것 같은 수많은 고드름들에 오싹해지기도 한다.

아이들은 어느새 얼음 동굴을 지나 저 멀리로 뛰어간다. 그들의 발걸음이 멈춘 곳은 얼음으로 만들어진 미끄럼틀. 어색하지만 아이들을 따라 줄을 서본다. 하지만 미끄럼틀에 줄을 선 어른은 나 혼자만이 아니다. 자신의 차례를 기다리는 어른들의 입가에는 살을 에는 찬바람과는 어울리지 않는 환한 미소가 한가득이다. 모두가 얼음 성에 들어선 순간부터 잊고 지냈던 어린 시절로 돌아간 듯하다. 그러고 보니 유모차가 하나도 보이지 않는다. 그 대신 곳곳을 누비는 작은 썰매들. 썰매는 아이들을 운송하는 가장 완벽한 교통수단이다. 적어도 이 얼음나라에서는 말이다.

얼마나 그렇게 뛰어 놀았을까? 이리저리 헤매고 다니면서 흘렸던 땀이 식을 무렵 하늘이 검게 물들어간다. 지금까지 조용히 있던 얼음 성들이 형형색색의 옷들로 갈아입기 시작하는 시간. 얼음 내부에서 새어 나오는 붉고 파란 빛들은 심장박동처럼 사람들의 발걸음을 따라 이리저리 춤을 춘다. 아이들과 손을 잡은 가족들은 지금 이 순간을 영원히 기록하기 위해 저마다 카메라를 꺼내 든다. 가족이, 얼음이, 밤하늘이 모두가 하나가 되는 시간이다.

캐나다의 작은 도시 애드먼튼은 그렇게 매년 겨울마다 마법에 걸린다.

B-side
Story /

#1
~~~~~~~~

비아레일을 타고 로키 산맥의 품 속을 달려가는 2박 3일의 기차 여행. 밴쿠
버에 도착 후 거의 곧바로 기차를 탄 일정이라 어른들도 시차 적응하기가
힘들었는데, 고작 20개월 된 아란이는 오죽했겠는가. 기차를 탄 후 줄곧 낮
과 밤이 바뀐 아란. 아침밥을 좀 먹여보려고 깨웠다가 난리가 났다. 온 기차
가 떠나가라 울어 젖히는 아이. 예약해둔 식당칸으로 옮겨 밥을 먹어야 하
는데, 도저히 그럴 상황이 아니었다. 그때, 2박 3일 내내 우리 가족의 서비
스를 담당하던 직원이 다가왔다.
"부인과 아이를 위해 이곳에서 식사를 하실 수 있도록 서빙해드릴게요."
전채 요리, 메인 요리, 디저트와 음료까지. 직원은 몇 번이고 왔다 갔다 하
며 따뜻한 코스 요리를 그대로 우리 침대로 가져다 주었다. 다시 생각해도
울컥하는 순간!

#2
~~~~~~~~~

밴쿠버 여행에선 아란이를 유모차에 태우고 대중 교통을 이용했다. 저 멀리 우리가 타야 할 버스가 정류장에 멈춰 서기도 전, 난 아란이가 타고 있는 유모차를 통째로 번쩍 들어올렸다. 허리를 반쯤 굽히고 뒤뚱거리며 버스에 오르자 버스 기사가 뭐라고 큰 소리로 외친다.

"왜? 더 빨리 탔어야 됐나?"

T군이 말했다.

"왜 그렇게 타냐고. 기다리고 있으면 발판을 내려줄 텐데 왜 그리 성급하고 위험하게 구냐고 했어."

버스 기사는 아란과 내가 완전히 자리를 잡고 출발 준비를 마쳤는지 재차 확인한 후 버스를 출발시켰다. 나는, 창피했다.

해야 할 일이 사라지자

하고싶은 일이 떠 올 랐 다 .

새로운 여행 파트너를 소개합니다 Wells Gray Provincial Park, Canada

//////////

She said.

"아이와 함께하는 여행도
 전혀 문제될 게 없었어요"는 개뿔!

　아이의 낮잠 시간을 고려한 동선과 부모님의 매 끼니 식사 메뉴까지, 그야말로 3대 모두를 위해 심사숙고 하여 짠 스케줄이니만큼 계획엔 한 치의 빈틈도 없었다. 예약한 호텔들의 위치와 연락처, 비상 사태 시 행동 요령과 대사관 연락처 등이 꼼꼼하게 정리된 스케줄표를 건네 받은 부모님의 얼굴에도 여행에 대한 기대와 설렘이 가득 번졌다. 600일 된 아이와 떠난 첫 해외 여행, 다녀와서 큰소리 뻥뻥 칠 생각이었다. 세계 여행자답게 아이와의 여행도 별거 아니었노라 신나게 여행담을 늘어놓을 요량이었다.

　하지만 아이를 위해 준비한 많은 것들, 분 단위로 꼼꼼하게 짠 계획들은 실상 철저히 나 중심의 생각에서 비롯된 허황된 바람이라는 사실을 깨닫는 데는 얼마 걸리지 않았다. 아이에게 시차 적응을 기대한 것부터가 잘못이었다. 한국 시간으로 아침 9시, 그러니까 현지 시간으로는 새벽 2시에 잠이 깨 하루를 시작하는 아이에게 낮잠 시간을 고려한 동선 따위는 무의미했다. 한밤중에 일어나 맘마를 먹고 아침이 올 때까지 호텔 방에서 신나게 뛰어 노

밤에 일어나 놀고 낮에는 잠만 잔다.

는 아이로 인해 헝클어지기 시작한 계획은 여행 중반, 급기야 스케줄표를 박박 찢어버리는 사태에 이르게 된다.

여행 닷새째, 그날은 아이스필즈 파크웨이Icefields Parkway를 타고 재스퍼Jasper를 떠나 밴프Banff로 들어가는 날이었다. 며칠째 잠을 설친 어른 넷의 얼굴엔 검푸른 다크서클이 짙게 내려와 있었지만, 재스퍼의 하늘만큼은 구름 한 점 없이 푸르고 쾌청했다. 우리는 드디어 로키 산맥의 진면목을 가까이서 볼 수 있겠구나 하는 기대감에 잔뜩 들떴다. 로키 산맥의 한가운데를 가로지르는, 세상에서 가장 멋진 산악 경관을 자랑하는 이 드라이브 코스야말로 이번 여행의 하이라이트라 할 만했다.

"어? 길을 잘못 든 거 아냐?"

"그럴 리 없어. 재스퍼와 밴프를 잇는 길은 이거 하나밖에 없거든."

당황한 T군의 목소리가 가 닿은 곳엔 'Closed'라고 적힌 커다란 바리케이트가 설치되어 있었다. 방금 전 지나쳐 온 재스퍼 인포메이션 센터로 부랴부랴 전화를 걸어 자초지종을 확인해보니 지난 밤 내린 폭설 때문에 제설

말린 협곡 아이스워킹

작업을 해야 하는데, 강풍이 부는 구간이 있어 언제 작업을 할 수 있을지 알수 없다는 대답이 돌아왔다. 날이 이렇게 맑은데 강풍이라니? 산세가 워낙험한 로키 산맥이기에 가능한 일이었다.

부모님과 함께 여행할 수 있는 시간은 단 열흘. 우리에겐 마냥 기다릴 시간이 없었다. 가족 회의 끝에 밴프로 가는 걸 포기하고, 예약했던 호텔들도모두 취소했다. 어영부영하는 사이 날은 어두워졌고, 우리는 이름 모를 어느 길 위 허름한 모텔로 들어섰다. 전자레인지가 없어 즉석밥을 데워 먹을수도 없는 상황, 부모님을 위한 매끼 식사 메뉴 또한 무의미해졌다.

완벽했던 계획은 이제 완벽하게 엉망이 되었다. 내일 당장 무엇을 해야할지도 알 수가 없다. 그런데! 당장 무엇을 해야 할지, 어디로 가야 할지, 무슨 일이 일어날지 알 수가 없으니 오히려 가슴이 뛰기 시작한다. 이튿날아침, T군과 나는 조금 바삐 움직였다. 내가 찾은 새로운 인터넷 정보를 바탕으로 T군이 현지 정보를 얻어낸다. 동네 카페에서 커피 한 잔을 시키며, 주인에게 이것저것 말을 걸어본다.

웰스 그레이 주립공원Wells Gray Provincial Park, 계획엔 없던 곳이다. 지난 밤 처음 알게 된 장소였다. 미지의 세계로 향하는 길 양쪽엔 무릎 높이부터 시작해 어른 키만큼 쌓인 눈들이 가득했다. 도저히 안쪽으로 들어갈 수 없어 보였지만 T군이 알아온 정보대로 우리는 발자국이 난 오솔길을 찾기 시작했다. 영화 〈나니아 연대기〉에서 나니아로 들어가는 옷장의 비밀 통로를 모르면 눈의 세계로 들어갈 수 없듯이 비밀 오솔길에 대한 정보를 몰랐다면 포기하고 되돌아왔을 뻔한…. 그랬다, 정말, 그곳에 길이 있었다. 들어가는 발자국과 나오는 발자국으로 된 새하얀 발자국 오솔길. T군을 선두로 아란이를 등에 멘 나, 그리고 부모님은 일렬종대로 비장하게 눈의 숲으로 조금씩 미끄러져 들어갔다.

뽀드득뽀드득 눈 밟는 소리 외에는 아무것도 들리지 않는 적막함은 헝클어진 계획으로 심란해진 우리의 마음을 차분하게 식혀주었다. 사실 짜여진 일정에 맞춰 움직이려니 갑갑한 마음이 들던 참이었다. 계획한 대로 움직이지 못하면 그날 하루 제대로 여행하지 못한 것 같은 느낌도 들었다. 그런 찰나였다.

눈밭에 파묻혀 (사실 남들이 밟아 놓은 길을 가는 거라 그리 힘들진 않았다.) 10여 분쯤 걸어 들어가자 입이 떡 벌어지는 장관이 펼쳐졌다. 우리 중 누구도 기대하지 않았고, 예상도 하지 못한 광경. 산세로 따지면 남미의 이과수 폭포나 북미의 나이아가라 폭포에 절대 뒤지지 않을 만큼 기이하고도 웅장한 풍경이었다. 겉면이 얼어버린 폭포 안쪽으로 얼지 않은 물줄기가 세차게 떨어졌다. 굳이 비유를 하자면 겹겹이 쌓인 유리관을 타고 흐르는 거대하고도 기이한 폭포 같았달까? 이곳이 잘 알려지지 못한 이유는 딱 하나. 이토록

잘 알려지지 않은 숨은 명소
웰스그레이 주립공원
스퍼해츠 크리크 폭포

멋진 자연이 사진에 다 담기지가 않기 때문일 거라고 생각을 했다. 사진의 15배쯤 멋진 광경!

　이후 우리는 더 이상 미리 알아본 맛집을 '찾아가기' 위해 헤매지 않았다. 길거리 마음에 드는 음식점에 들어가 각자가 좋아하는 메뉴를 골라 시켰고, 현지인들과 이야기를 나누며, 그들이 추천하는 여행지를 즐겼다. 또한, 어떤 도로를 선택하더라도 이번 여행이 후회되지 않을 만큼 아찔한 풍경들이 펼쳐졌기 때문에 구겨 버려진 계획표에 대한 미련은 조금도 남지 않았다. 우리에겐 역시 오늘 하루 무엇을 보게 될까, 어떤 일이 일어날까 하는 기대감으로 매일 아침 가슴이 뜨거워지는 여행이 어울린다.

행복도 연습이 필요해 Wells Gray Provincial Park, Canada ///////////

He said.

(마음의) 곳간에서 인심 난다.

돈을 많이 벌고 싶었다. 좋은 사람도 되고 싶었다. 가진 것을 나눌 줄 아는 좋은 사람이 되기 위해 먼저 내 곳간을 채워야 했다. 곳간에서 인심이 난다고 하지 않았던가! 곳간을 채우기 위해 10년을 넘게, 아니 20년 가까이 열심히 일했다. 대학생 때에는 몇 평 남짓한 크기의 곳간만 채우면 되는 줄 알았는데, 그것이 어느새 백 평도 넘어버렸다. 늘어난 경력과 연봉보다 곳간이 커지는 속도가 훨씬 빨랐다. 채워도 채워도 항상 부족함을 느꼈다. 언제쯤 남들에게 나눠줄 만큼 가득 채울 수 있을까?

현지인들이 추천한 여행지, 웰스그레이 주립공원을 돌아 보고 나오는 길이었다. 들어가는 길에 '여기 나올 때 좀 위험하겠는데?' 하는 생각을 잠시 했었는데, 그 우려가 현실이 되었다. 탄력을 받기 위해 최대한 먼 곳에서 달려와도 미끄러졌다. 저속 기어로 천천히 올라가 보아도 마찬가지였다. 빙판으로 얼룩진 언덕을 오르려다 미끄러진 게 벌써 10번째다. 30분째, 어떠한 방법으로도 S자로 휘어진 빙판 언덕을 올라갈 수가 없었다.

아란을 품에 안은 N양과 장모님에게 언덕 위로 먼저 걸어 올라가 있으라고 말해두었다. 무게를 줄인 후 11번째 시도를 했지만 역시나 실패. 옆에 남은 장인 어른께 문제없을 거라 말씀드렸지만 멀어져가는 맨발의 아란(N

양도 어지간히 당황했는지 아이 양말을 신기는 걸 깜빡했나 보다. 추울 텐데…)이
뒤로 붉어져가는 노을을 바라보며 사태의 심각성을 깨달았다.

　'우리 다섯 명, 한겨울 산 속에서 밤을 지새게 될 수도 있겠구나!'

　내 탓이다. 여행의 시작부터 오늘의 조난은 예고되어 있었는지도 모르
겠다. 비용을 조금이라도 아껴보겠다고 사륜구동의 지프도 아니고, 스노
우 체인도 준비되지 않은 일반 승용차를 렌트한 것부터가 잘못이었다. 이
차로 눈 덮인 로키를 여행한다는 것 자체가 무모한 짓이었다. 400일간의
세계 여행에서도 늘 이런 식이었으니까 문제없을 줄 알았다는 건 핑계일
뿐…. 가족과 함께하는, 아니 모든 여행에선 안전이 제일 아닌가. 후회는 늘
뒤늦다.

차 문을 열고 내리자 그늘 속에서 웅크리고 있던 서늘한 바람이 발 밑을 훑고 지나간다. 그 차디찬 기운에 겨우내 충분히 단련되었을 얼음 언덕은 한 치의 빈틈도 내주지 않았다. 얼음은 매우 두껍고 단단했다. 해는 곧 넘어갈 것이다. 길어진 그림자가 불안에 떨며 새빨갛게 변해갔다. 핸드폰도 안 터지는 산골 중의 산골. '어떻게 해야 하지? 소리라도 질러볼까?' 망연자실하고 있던 그때, 픽업 트럭 한 대가 모습을 드러냈고, 이내 차 옆에 스르륵 멈추었다.

"헤이, 무슨 일이야? 도움이 필요해? 아! 차가 못 오르고 있구나! 내 차에 밧줄이 있어. 이 차로 너희 차를 언덕 위까지 끌어줄 수 있을 거야."

금발의 중년 아주머니가 창문을 열고 호탕하게 소리쳤다. 부산한 움직임으로 픽업 트럭의 트렁크에서 밧줄을 꺼내 왔으나 이번에는 또 우리 렌터카에 밧줄을 걸 연결 고리를 찾지 못하는 상황. 그녀는 어느새 얼음 바닥에 누워 한치의 망설임도 없이 차 밑으로 기어 들어갔다. 이내 엄지 손가락을 치켜들며 'OK' 사인을 보낸다. 픽업 트럭에 매달린 우리 차가 서서히 빙판 언덕의 정상 부근에 다다르자 기쁨의 클락션으로 이 순간을 축하(?)했다. 두려움에 떨던 노을이 그제야 아름답게 웃어주었다.

웰스그레이 주립공원을 나서며, 문득 언젠가 신문 기사에서 읽은 내용이 떠올랐다. 캐나다 여행에서 가장 인상 깊었던 것을 묻는 설문 조사였는데, 놀랍게도 상위권은 바로 '캐나디안의 친절과 여유로운 모습'이었다. 우리도 이번 여행을 하는 동안 곳곳에서 사심 없이 베풀어진 도움의 손길을 받곤 했다. 처음엔 그들의 이런 호의가 경제적인 여유에서 나오는 것이라

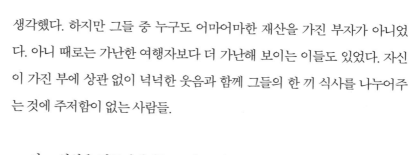

생각했다. 하지만 그들 중 누구도 어마어마한 재산을 가진 부자가 아니었다. 아니 때로는 가난한 여행자보다 더 가난해 보이는 이들도 있었다. 자신이 가진 부에 상관 없이 넉넉한 웃음과 함께 그들의 한 끼 식사를 나누어주는 것에 주저함이 없는 사람들.

아… 인심을 만들어낸다는 곳간은 재물로 채울 수 있는 것이 아니었구나. 행복감으로 채울 수 있는 마음의 곳간. 가진 재산이 아무리 많아도 남에게 베푸는 것에는 인색한 이들을 많이 보았다. (어쩌면 그게 나일 수도 있었고.) 잔뜩 나온 배를 끌어 안고서도 여전히 배가 고프다고 생각하는 사람에게서는 그 어떤 온정도 기대할 수가 없다. 자신의 곳간이 차고 넘치는 데도 여전히 아주 작은 빈틈이라도 찾아내어 기어이 꾸역꾸역 채우려는 사람들. 그들에게 부족한 것은 재물이 아니라 스스로 만족할 수 있는 감정, 행복이 아닐까?

B-side
Story

내가 사랑하는 여행의 풍경 속엔 늘 T군의 뒷모습이 함께한다.

#1

~~~~~~~~

T군의 직업은 포토그래퍼. 반나절이면 둘러보는 코스를 하루 종일 걸려서
도 다 못 돌아보는가 하면, 어제 다녀온 곳에서 미처 못 찍은 사진이 있다며
몇 날 며칠 같은 장소로 촬영을 나가가기도 한다.

사람들은 내게 묻는다.

"남편이 사진 찍는 동안 지겹지 않았니?"

"아니요, 전혀. T군이 아름다운 세상을 찍는 동안 전 사랑하는 세상을 두고
두고 바라볼 수 있어 행복했어요."

난, T군의 모습을 찍을 수 있는 세상 유일의 포토그래퍼! 포토그래퍼 뒤의
포토그래퍼. T군 전문 사진 작가라고나 할까?

#2
~~~~~~~~

폭설로 인해 계획이 틀어진 지 두 번째 날이 되었다. 낭떠러지 산악 도로를 굽이굽이 오르내리길 수 차례. 오는 차도, 가는 차도 없었고, 가로등도, 마을도 보이지 않았다. 아란은 울기 시작했고, 부모님의 신경 또한 날카로워졌다. 네비게이션 상 세 시간이면 도착한다던 마을, 팸버튼. 위성이 터지지 않아 우리가 지금 어디쯤인지도 알 수 없었다. 산중의 해는 진작에 저물었고 오늘밤 우리는, 잘 곳이 없었다. 긴급 가족 회의를 하려던 찰나 팸버튼의 팻말이 나타났고, 불 꺼진 동네를 몇 바퀴 돈 후에야 숙소 하나를 찾을 수 있었다.

"똑똑, 똑똑똑, 똑똑똑똑, 똑똑똑똑똑…"

한참을 두드린 후에야 인기척이 들렸다. 주인 아저씨는 싸늘하고 무표정한 얼굴로 느릿느릿하게 체크인 수속을 진행했다. 오늘 하루, 지칠 대로 지친 난 '쾅' 방문을 닫았다. 몇 분 지나지 않아 들리는 문 두드리는 소리.

"뭐가 잘못됐나? 왜 또 왔지?"

"해피 발렌타인! 오늘 발렌타인 데이잖아요. 산길 험한데, 넘어오느라 고생 많이 했어요."

싸늘했던 건 아저씨가 아니라 내 쪽. 흰 수염에 빨간 옷을 입은 산타 같은 캐나다 할아버지 덕분에 그 밤, 우리에겐 좋은 기억만 남았다.

#3

정말 마음에 드는 작품을 보았다. 강렬한 색으로 수놓아진 캔버스 위에 새겨진, 아름다운 모습에 한동안 넋이 나간듯 멍하니 바라봤다. 작가가 힘있게 휘둘렀을 붓 터치에 담긴 그의 감동이 알알이 맺혀 굳어진 물감들. 그림 속에 담긴 수많은 이야기가 들려주는 감성의 은하수가 머릿속을 휘감았다. 사진으로 담아 오랫동안 지켜보고 싶다. 순간 시야에 들어온 'NO PHOTO'. 카메라를 쥔 손에 땀이 밴다. 주위를 둘러보았다. 다행히 박물관 관리인이 보이지 않는다. '몰래, 딱 한 장만 찍자!' 카메라를 집어 들어 셔터를 누르려는 순간, 옆에 있던 할머니 관람객이 조용하지만 강한 눈빛으로 바라본다. 이내 한 손가락을 높이 치켜들고 좌우로 흔든다. 'NO PHOTO! 이곳에서는 사진 촬영이 금지야' 라는 메시지를 담아 강하게 흔든다.

겨울 바람을 가르며 캐나다의 대자연을 누비는 자동차 여행. 겉보기에는 멋스러운 로드트립이지만 이제 겨우 세상의 문을 열고 나온 20개월 아이에게는 고역일지도 모른다. 아동용 카시트에 사지를 결박당한 채 멈추지도 않고 돌아가는 히터의 덥고 답답한 공기 속에 갇혀 있는 건 여행이라는 이름으로 포장된 구속일 뿐이다. 그런 아란이가 안쓰러웠다. 차가 잠시 정차한 틈에 카시트의 벨트를 풀고, 창문을 열어 차창 밖으로 고개를 내주었다.

겨울의 기운을 듬뿍 담은 차가운 공기가 시원하게 아이의 몸을 감싸 안았다. 자유를 얻게 되어 좋아라 팔다리를 마구 흔들며 기쁨의 포효를 외치는 아란의 얼굴에는 함박웃음이 가득했다. 그 순간 옆을 지나가던 차가 경적을 울린다.
"지금 뭐 하는 거예요? 창 밖으로 아이가 고개를 내놓으면 위험하다고요. 당장 창문 닫고 카시트에 앉혀요!"

흔히 서양인들은 개인주의라고 말한다. 그들은 타인의 사생활에는 크게 관심을 보이지 않고, 자신의 삶에 누군가가 개입하는 것을 극도로 싫어한다. 하지만 사회적 약자가 위험에 처하거나 사회의 룰을 깨뜨리는 '룰 브레이커'들을 만나는 순간 그들은 적극적으로 개입한다. 약자의 힘들어하는 모습을 애써 외면하고, 성가신 일에 휘말리기 싫어 거리를 유지하려는 우리네 모습과는 사뭇 다르다. 과연 진짜 개인주의는 어느 쪽일까?

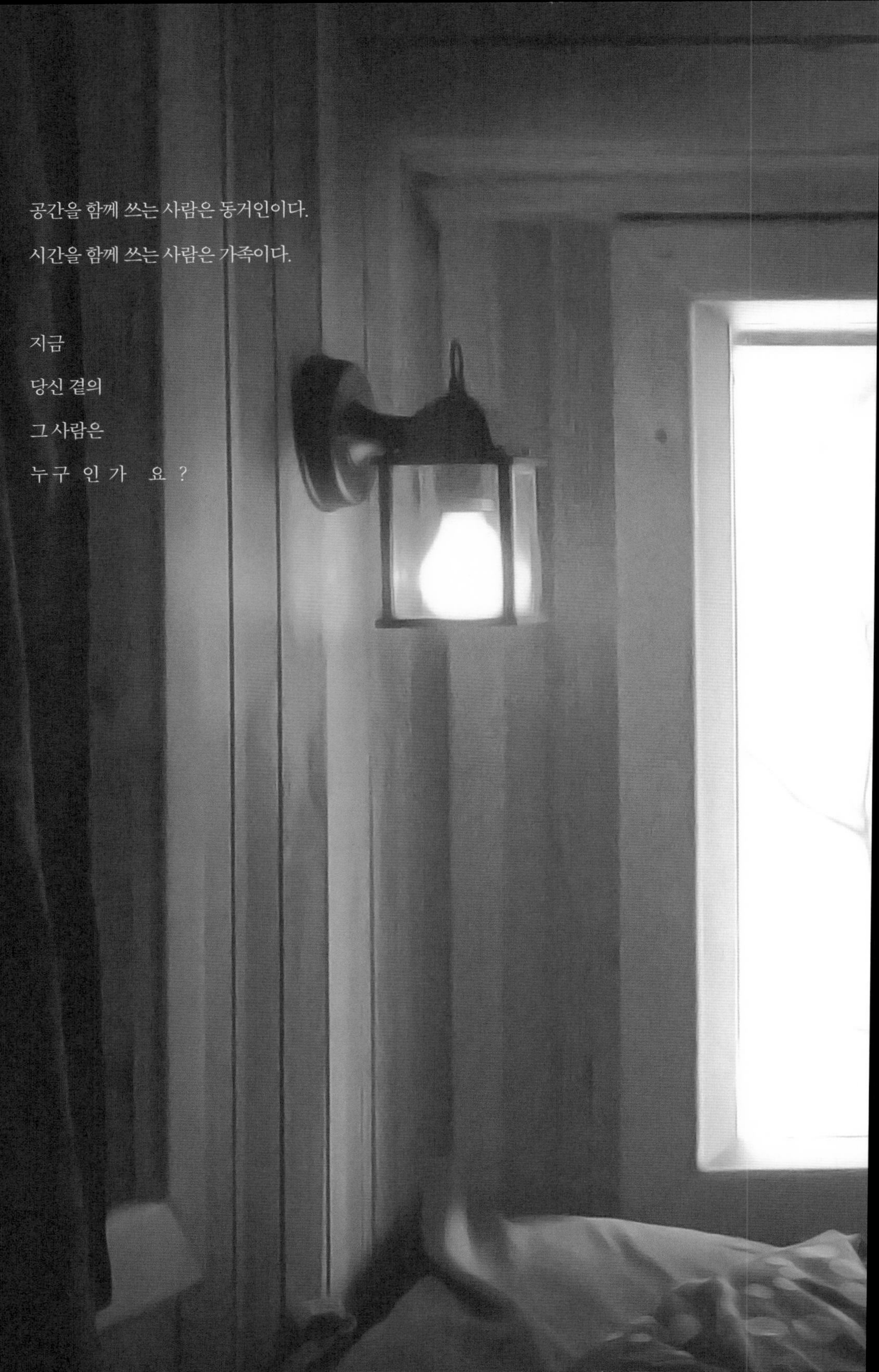

공간을 함께 쓰는 사람은 동거인이다.
시간을 함께 쓰는 사람은 가족이다.

지금
당신 곁의
그 사람은
누구 인 가 요 ?

흔들려도 괜찮아 Capilano Suspension Bridge, Canada /////////

She said.

　인생도… 너의 곁에 우리가 있으니까.

비가 오면 유독 생각나는 여행지가 있다. 한아름 물기를 머금은 이슬들이 모여 푸른 숲을 더욱 싱그럽고 생기 있게 만들어 주는 곳. 맑으면 맑아서, 흐리면 흐려서, 비가 오면 비가 와서 더욱더 달려가고 싶어지는 그곳, 카필라노 서스펜션 브릿지 파크Capilano Suspension Bridge Park다.

부모님, 그리고 아란이와 함께한 열흘간의 캐나다 여행이 끝나갈 즈음 괜히 겨울 여행을 고집하여 아이도 부모님도 모두 고생만 하고 있는 게 아닌가 하는 자괴감이 들었다. 부모님께서는 멋지다, 즐겁다 하셨지만 시차 적응 못하고 새벽 2시만 되면 꺅꺅 소리를 지르며 하루를 시작하는 아란이 때문에 모두의 수면 패턴은 엉망이 되어버린 지 오래. 피곤하시지 않을 리가 없었다.

어찌됐건 오늘은 이번 여행의 마지막 날, 호텔을 나서는 아침부터 먹구름이 잔뜩 껴있더니 카필라노 서스펜션 브릿지 파크의 매표소에 도착하자마자 굵은 빗방울이 떨어지기 시작한다. '휴, 마지막까지 하늘은 우릴 도와주지 않는구나!' 아쉬운 마음을 가득 안고 입구로 들어섰다.

하지만 '반전'이라는 말은 이럴 때 쓰는 게 아닐까? 후두둑 빗방울들이 떨어진 자리는 수채 물감으로 막 채색을 끝낸 듯 선명한, 말간 자연의 색으로 촉촉히 젖어 있었다. 카필라노 서스펜션 브릿지 파크는 비 오는 날 와야 그 매력을 제대로 느낄 수 있는 곳이던 거다!

본격적으로 숲 속 산책 혹은 탐험에 들어가기에 앞서, 어마어마한 포스를 내뿜는 흔들 다리 앞에 다다른 우리 가족은 걸음을 멈출 수 밖에 없었다. 높이 70m, 쉽게 설명하자면 25층 아파트의 꼭대기에서 꼭대기를 잇는 외줄을 건너려면 누구라도 잠시 멈춰 심호흡을 하게 되지 않을까. 아버지 뒤에 어머니, 어머니 뒤엔 아란이를 품에 안은 나, 내 뒤에는 T군이 줄을 섰다. 각자 앞사람의 뒤통수만 바라보며 잰걸음으로 흔들 다리를 건너기 시작했지만 난 차마 아래를 바라볼 용기가 나지 않았다. 다리 아래로 흐르는 세찬 강물 소리만으로도 떨어지면 뼈도 못 추릴 것 같은 느낌이 들었기 때문에.

"우리 날고 있는 것 같지 않아?"

길이 140m, 세상에서 가장 긴 흔들 다리답게 걸어도 걸어도 끝나지 않는 다리 위에서 조금씩 적응이 되어갈 때쯤 T군이 외친다. 그러고 보니 어느새 두려움은 옅어지고 조금씩 주변이 보이기 시작한다. 위아래로 출렁이는 다리는 마치 우리가 하늘 가운데 두리둥실 떠 있는 느낌마저 들게 해준다. 아찔한 절벽과 몇 백 년은 족히 되었을 법한 상록수가 만들어내는 카필라노 협곡의 장관도 그제서야 눈에 들어온다.

인터넷에서 카필라노 서스펜션 브릿지를 검색해보면 흔들 다리 사진이 가장 많이 노출되지만, 사실 이곳의 매력은 다리를 건넌 후에 본격적으로 시작된다. 산책과 탐험 그 사이 어디쯤이라 할 이곳만의 독특한 매력이.

　　개인적으로 카필라노 서스펜션 브릿지에서 가장 인상적이었던 것은 바로 하늘을 찌를 듯 키가 큰 나무의 중반쯤에 올라 나무와 나무 사이를 걸을 수 있는 트리탑 어드벤쳐Treetop Adventure다. 짙은 녹색으로 무르익은 나무 사이를 다람쥐, 아니 피터팬처럼 양팔을 벌린 채 요리조리 장난스럽게 통과해본다. 아란이는 물론이고, 부모님 또한 연신 감탄을 자아내며 아이처럼 좋아하는 모습에 아침까지의 침울했던 기분은 저 멀리 날아가고 역시 캐나다로 여행오길 잘했다는 생각으로 어깨가 으쓱 올라갔다.

　　트리탑에서 내려와 딸 아이의 작은 손을 잡고 연못 위 징검다리를 건너기도 하고, 때론 부드러운 흙길도 밟으며 여유로운 산책을 즐기는 사이 시나브로 나뭇잎 사이로 들어오는 햇빛이 느껴진다. 막 채색이 끝난 수채화 속 녹색 나무들이 반쯤 갠 하늘에서 떨어지는 한 줄기 햇살을 받아 더욱 반짝반짝 빛이 난다. 까르르거리는 아이의 웃음소리가 퍼지는 이 순간이, 다정하게 셀카를 찍으시는 부모님 카메라의 셔터 소리가 들리는 이 순간이 행복하다. 날이 맑으면 맑아서, 날이 흐리면 흐려서, 비가 오면 비가 와서 더욱 더 달려가고 싶어지는 그곳, 카필라노 서스펜션 브릿지 파크.

아빠가 가르쳐주는 마법   Kamloops, Canada   /////////

He said.

마법의 주문은 역시 수리 수리 마하수리!

어릴 적 유치원에서 재미난 이야기를 들었다. 한 손을 머리 위로 번쩍 치켜들면 지나는 차들이 스르륵 길을 멈추고, 내가 다 건널 때까지 기다린다는 마법 같은 이야기. '우와, 정말일까?' 그날 난 설레는 마음을 안고 도로에 멈추어 섰다. 그리 넓지 않은 2차선 도로였던 것 같다. 마침 저 멀리에서 자동차 한 대가 다가왔고, 난 한 손을 번쩍 치켜들었다. 결론은? 차는 무심히 내 앞을 지나쳤다. 그 후로도 몇 대의 차들이 앞 차를 놓칠세라 빠른 속도로 지나갔다. 까치발까지 들었지만 한 손으로는 다 셀 수 없는 만큼의 자동차들이 연달아 지나고 나서야 비로소 차 한 대가 멈추어 섰다. 나의 마법은, 아무런 힘이 없었다.

지난밤 우리는 캠루프스Kamloops라는 도시 근교에서 하룻밤을 묵었다. 밤새 내린 눈으로 온 거리는 물론 우리의 렌터카까지 하얗게 뒤덮여버렸다. 이른 아침, 렌터카에 쌓인 눈을 치우기 위해 숙소 문을 나서자 겨우내 그 자리

에 서 있을 것만 같은 커다란 눈사람이 두 팔을 벌려 아침 인사를 건네왔다. 눈사람 뒤편으로 산중의 찬 공기가 따사로운 겨울 햇살에 부딪쳐 산산이 부서지는 모습이 슬로우모션처럼 펼쳐졌다. 아름다웠다. 말 그대로 한 폭의 그림 같은 아침 풍경을 찬찬히 감상하고 있는데, 한 순간 붓질 몇 번으로 쓱쓱쓱싹 그려놓은 그림처럼 자전거를 타는 아이와 엄마라는 등장 인물이 생겨났다. 대여섯 살쯤 되었을까? 아이는 눈 덮인 길 위에서 서툰 페달질을 하며 앞으로 나아가기 위해 애쓰고 있었고, 뒤따르는 엄마는 빙그레 미소를 지으며 또 다른 자전거에 몸을 싣고 멀찌감치 아이를 따르고 있었다. 그 새벽, 모자의 자전거 산책이 너무도 평화로워 보여 내 입가에도 살그머니 미소가 번졌다.

'어? 잠깐! 저기는 차가 다니는 도로 위인데, 어떻게 저리 태평하게 어린 아이와 자전거를 탈 수 있는 거지?'

아무리 한산한 아침이라 해도 그렇지, 모자가 자전거를 타는 곳은 엄연히 차들이 다니는 도로 위. 당장 자동차가 튀어나와도 이상할 게 전혀 없는 상황인데, 눈까지 내린 도로 위에서 저렇게 태연하게 아이와 자전거를 타도 되나? 심지어 자전거에 서툰 저 어린 아이와? 게다가 그 여유로운 미소라니!

우리나라라면 상상하기도 힘든 모습이리라. 언제 어디에서 차가 덤벼들지 모를 겨울의 눈 쌓인 도로 위에서 아이가 홀로 자전거를 타는 것을 놔두는 부모도 없을뿐더러 설사 그런 상황이 벌어진다 해도 미소는커녕 언제 닥칠지 모를 도로 위의 위험에 전전긍긍하고 있지 않을까? 아란이와 N양이 저렇게 가고 있다고 생각하니 오싹한 느낌마저 들었다.

그러고 보니 이번 캐나다 여행에서 자동차가 내 앞을 먼저 지나친 경우를 보지 못했다. 아무리 먼 곳에서 다가오는 차라 할지라도 어김없이 우리 앞에서 일단 멈추었고, 익숙하지 않은 상황에 어리둥절해하는 이방인들이 길을 다 지날 때까지 가만히 기다려주었다. 사람들이 차를 피해다니는 거리보다는 차들이 사람을 피해 다니는 캐나다의 거리가 더 아름다워 보인다. 모자의 아침 산책을 감상하던 날, 나는 어린 시절의 그 마법이 다시 되돌아오는 걸 느꼈다.

아란아, 아빠가 신기한 마법을 가르쳐줄게. 이렇게 한 손을 높이 들어봐. 그럼 차들이 마법처럼 멈출거야.

80년대로의 초대 Fort Langley, Canada /////////

She said.

당신에게 타임머신이 있다면
언제로 돌아가고 싶은가요?

"그건 안 되겠어. 너무 현대적이야."

"그럼 이 바지랑 이 셔츠는?"

"흠, 너무 세련돼 보여. 그것도 안 되겠어."

파티에 입을 옷을 이것 저것 걸쳐보는 내게 N양은 그 어느 때보다 디테일하게 조언을 해주었다. 아무리 여행자 신분이지만 그래도 구색은 맞추어야 하지 않겠나. 게다가 오늘 밤 파티는 그 어느 때보다 의상 컨셉이 중요하다. 왜냐고? 이 파티의 이름이 바로 '80년대로의 초대'니까.

밴쿠버 근교에 있는 한적한 시골 마을 포트 랭리Fort langley. 사전 정보도 없이 우연히 길을 지나다 흘러들게 된 곳이다. 마을 곳곳에 스며 있는 정겨운 아기자기함에 반해, 우유부단의 대명사인 N양과 내가 고민 없이 3주간 머무르기로 결정한 마을. 아란이가 깨는 늦은 아침으로 시작하는 하루. 마을 골목을 산책하고, 이름 없는 카페에서 커피 한 잔을 기울이고, 강가에 앉아 낮은 겨울 햇살에 몸도 맡기는 잉여로운 시간들로 하루가 가득 찼다.

포트 랭리의 가게들

그날도 어김없이 포근한 바람에 이끌려 할 일 없이 동네를 어슬렁 거리고 있었다. 바로 그때 눈앞에 들어온 파티 포스터. 포스터라기 보단 A4용지에 프린트한 안내문에 가까웠지만 그 내용만큼은 내 심장을 두근거리게 할만큼 매력적이었다. '80년대로의 초대'. 딱 나를 위한 파티였다. 1초만 들어도 다 알아 맞출 수 있는 시대의 팝송, 친구들과 옹기종기 좁은 방에 둘러앉아 보았던 그 시절 그 영화 음악. 꿈과 희망이 가득했던 내 어린 학창 시절, 감수성 풍성한 시기에 마주했던 모든 기억들이 순식간에 되살아났다. 이제는 추억으로 남은, 다시는 돌아갈 수 없는 아름다운 시절의 내가 살아났다.

밤하늘에서 소리없이 내리는 눈을 어깨에 가득 실은 사람들이 하나 둘마을 회관으로 모여들기 시작했다. 낮에는 주민들의 모임이나 작은 행사를위한 공간이었던 곳은 어느새 파티장이라는 팻말을 달고 있었다. 학예회에나 어울릴 법한 풍선 장식들, 조명이라고 불리기에는 민망한 조명들, 파티보다는 동네 작은 행사 정도에 어울릴 법한 참석자들로 꾸며진 파티장은 분명히 내가 상상하던 것과는 다르게 다소, 아니 매우 많이 어색했다.

　　하지만, 디스코 풍으로 한껏 멋을 낸 파티 참가자들은 모두가 밝은 모습들이다. 마치 80년대로 돌아가는 타임머신의 탑승을 위해 줄은 선 사람들처럼 저마다 들뜬 표정으로 파티의 오프닝을 기다리고 있었다. 누군가 긴장으로 굳어진 내 어깨에 손을 얹었고, 시선을 돌린 곳에는 커다란 웃음과 하이파이브를 위한 손이 활짝 피어 있었다. 연신 손바닥을 맞대며 인사를 나누는 순간, '둔두둔두 둔! 둔! 둔! 둔!' 파티의 서막을 알리는 마이클 잭슨의 〈빌리진〉이 팡파르처럼 울려퍼졌다. 사람들은 괴성을 지르기 시작했고, 너나 할 것 없이 모두가 무대로 달려들었다.

　　현란한 조명 속에 숨어 있던 요정이 힘껏 요술 지팡이를 흔들며 외친다. "비비디 바비디 부~" 그때부터였다. 평범하기 그지없던 시골 마을회관이 화려한 댄스장으로 바뀌기 시작한 건. 어색하던 그들의 몸짓은 자신감으로 물들어갔고, 시대착오적이던 코스튬은 어느새 그들을 〈탑건〉과 〈더티댄싱〉 속 영화 주인공으로 바꾸어놓았다. 신디 로퍼와 마돈나는 마주보며 괴성을 질러댔고, 조지 마이클과 올리비아 뉴튼 존은 오랜만의 만남의 기쁨을 강한 허그로 대신하고 있다. 팝 스타들이 한데 모인 그곳, 그 한가운데에 그들을 보며 꿈을 꾸던 소년이 함께 서 있다. 꿈결처럼 흘러가는 그들의 몸짓과 주름으로도 감출 수 없는 젊음의 열기가 이방인에 불과한 소년도 몸을 들썩이게 만들었다. 이곳에서는 춤을 잘 춰야 한다는 강박도, 자신의 코스튬이 어색할지도 모른다는 두려움도, 몸매가 드러날지도 모른다는 부끄러움도 존재하지 않는다. 찬란하도록 눈부셨던 우리의 젊은 날이 있을 뿐이다.

　오늘 밤 작은 시골 마을 회관에서 벌어진 댄스 파티에서 그들은 진정으로 20대로 돌아와 있다. 그들의 가장 아름다웠고 뜨거웠던 그 모습 그대로, 그 정열 그대로, 이제는 기억 속에서조차 희미해진 젊은 날의 하루를 완벽하게 즐기고 있다. 진심으로 오늘 밤만은 영원히 끝나지 않으면 좋겠다.

B-side
Story

#1

'아이를 위한 여행이라니! 일상 속에서도 내 눈은 24시간 아이만 쫓아다니는데, 여행도 아이를 위해서 하라고?' 생각은 이렇게 해도 이번 여행 가방의 8할은 어느새 아이의 옷과 음식으로 가득 차 있다.

캐나다 여행 중 T군에게 아이와 함께하는 우리 가족의 모습을 사진으로 찍어달라는 촬영 의뢰가 들어왔다. 기꺼이 한다고 승낙은 했으나 막상 내 옷은 트레이닝복밖에 없는 현실…. 부랴부랴 눈에 보이는 쇼핑 센터에서 아란이 옷과 색상을 맞춰 입을 수 있을 만한 옷을 구해 보지만 맞는 사이즈를 찾는 것부터가 쉽지가 않다. 오히려 내 옷이 적당한 게 있어서 거기에 아란이 옷을 맞춰 샀더라면 훨씬 수월하고 경제적이었을 거다. 생각해보면 우리나라 많은 엄마들이 해외 배송료를 물면서까지 직구를 할 정도로 가성비 좋은 브랜드들을 동네 쇼핑센터에서 살 수 있는 곳이 여기 아닌가. 걱정스런 조바심에 미처 거기까진 생각을 못했던 것. 뒤늦은 후회는 뒤로 하고 다음 여행에는 꼭 아이 옷 두 벌을 빼고, 내 예쁜 원피스 한 벌을 넣어야겠다 다짐해본다.

#2
~~~~~~~~~

"어제 밤새 개 짖는 소리 때문에 한숨도 못 잤어."
N양이 토스트를 한입 베어 물며 볼멘 소리를 한다. 지난 밤에 묵은 에어비
앤비의 호스트 앨리스가 우유 한 잔을 따라주며 답했다.
"아… 그 소리는 코요테야. 우리는 개를 안 키워^^"

우린 동물의 왕국 속에서 밤을 지샌 거다.

#3
~~~~~~~~~

"이 근방에는 어디가 가장 볼만해?"

여행지의 정보는 현지인에게 구하는 것이 가장 좋은 법. 새로운 여행지에서의 첫 대화 상대는 언제나 인포메이션 센터 직원이나 숙소에서 일하는 현지인들이었다.

"북쪽으로 한 시간 정도만 올라가면 정말 멋진 곳이 있어. 무슨 일이 있어도 이곳은 꼭 가봐야 돼. 왜 그런지 알아? 그곳엔… 해변에 모래사장이 있거든!"

'뭐? 모래사장? 대한민국의 해변은 모두 모래사장으로 되어 있다고. 우리가 이 먼 캐나다에서, 그것도 동쪽 끝 할리팩스까지 와서 한국에 널려 있는 모래사장을 봐야겠니?'라고 바로 쏘아 대고 싶은 것을 가까스로 참았다. 도대체 그 흔하디 흔한 모래사장을 왜 추천하는 거지? 어수룩해 보이는 외국인이라 놀리려고 그러나? 아니면 정말로 이곳에서는 볼만한 곳이 모래사장 밖에 없는 건가? 잠깐, 그러고 보니 노바스코샤(캐나다 동부 끝에 위치한 주)를 여행하면서 본 모든 해안가는 감탄을 자아내는 경이로운 기암 괴석과 보기만 해도 가슴 한구석을 쫄깃하게 하는 아찔한 절벽들, 다시 말해 바위들로만 이루어져 있었다. 모래를 본 기억이 전혀 없었다.

우리는 보통 멋진 여행지는 세상 사람 모두에게 좋다고 생각한다. 하지만 사람들의 취향이 다 다르듯 여행지의 느낌도 사람들마다 제각각일 수 있다. 도시의 각박함과 정신없는 소음에 시달리는 서울 사람들은 한적하고 넓디 넓은 몽골 초원에 가면 해방감에 몸서리칠 테고, 끝이 없는 초원만 보고 자란 몽골 사람들은 화려함으로 채색된 서울에 오면 눈이 휘둥그레질 것이다.

결국 여행지에서 받는 감동은 자신의 일상에서 맞이하는 현실과 얼마나 동떨어져 있는지와 관련이 있는지도 모르겠다. 암석들로 이루어진 해안에 둘러싸여 살아온 이 캐나다 소녀에게는 아주 희귀한 모래 해변이 세상 그 어느 곳보다 아름다운 곳으로 여겨질 것이다.

'내가 정말 멋진 곳을 추천했지?'라는 자신만만한 눈빛으로 나를 바라보고 있는 순수한 소녀에게 난 'Thank you.'라는 말과 함께 커다란 미소를 건네주었다.

나이가 들면서 얻게 되는 지혜 중 하나는
무엇이 불가능한 일인지,
무엇이 안 되는 일인지,
무엇이 능력 밖의 일인지를
시작하기도 전에 알게 되는 것이다.

더 안정적이고, 더 효율적인지는 모르겠지만…
덕분에 상상하지도 못할 멋진 결과로 이어지는 길 위에
단 한 걸음도 내딛지 못하게 되어버렸다는 것.

어쩌다 아빠 그래도 청춘 Emerald Lake, Canada

He said.

당신의 열정은 ing인가요?

　벽난로 속에서 장작이 붉게 타오른다. 반으로 쪼개진 희갈색 장작 한가운데에 새겨진, 손바닥만 한 짙고 굵은 옹이가 유독 도드라져 보인다. 장작 몇 개가 좁은 방 안의 공기를 금세 데우더니 이내 누그러든다. 벽난로 옆에 놓인 장작을 들어 올려 꺼져가는 불씨들에 힘을 불어넣어 본다. 새 장작이 죽어가는 불꽃에 가닿자 생명을 다한 것 같던 불꽃이 다시금 숨을 토해냈다. 기운을 차린 불꽃은 사그라져가던 때를 잊은 듯 현란하게 춤을 추며 기분 좋은 온기를 전해준다.

　불과 한 시간 전까지만 해도 산중에서 밤을 지새워야 하나 어째야 하나 입술이 바싹바싹 타 들어가던 참이었다. 1번 국도를 빠져나와 내비게이션에 찍힌 길을 따라 한참을 들어왔는데, 아무것도 보이지 않았다. 이쯤에서 근사한 건물이 보여야 할 타이밍인데 말이다. 날은 저물고, 우리는 길이 사라진 눈밭에 멈춰 섰다.

    한 번 멈추면 그대로 파묻혀버릴 것 같은 엄청난 눈 위에서 이러지도 저
러지도 못한 채 말이다. 첩첩산중, 멈춰 서버리면 그대로 조난으로 이어질
수도 있는 상황. 배가 고파 칭얼거리는 아란의 울음 소리에 떠밀려 한 굽이
더 나아간 곳, 그곳은 막다른 길이었다.

    "어? 저기!"

    N양의 외침에 고개를 돌리자 멀리서 뿜어져 나오는 따뜻한 빛 한 줄기.
도저히 숙소가 있을 것 같지 않은 첩첩산중의 새하얀 호수 위에 100년이 넘
은 에메랄드 레이크 롯지가 위풍당당한 모습을 드러내고 있었다. 환희. 이
것이 불과 한 시간 전에 일어난 일이다. 그리고 지금 난 붉고도 아름다운 불

여행,
우리가 만나다

꽃에 취해 벽난로 속으로 점점 빨려 들어가고 있다. 긴장과 피곤에 지친 N 양과 아란이 잠들어버린 이 밤, 끝내고 싶지 않은 깊은 사색의 시간이다.

누구에게나 타오르는 불꽃 같은 젊은 시절이 있다. 어떤 불의에도 굴하지 않는, 자신만의 정의를 가슴에 아로새긴 채 붉고 순수한 열정을 태우는 시절이 있다. 그러다… 어른이라는 이름에 가까워질수록 '현실과 적당한 타협'이라는 면죄부를 방패로 삼아 자신의 가치관에서 한 발짝 두 발짝 물러서게 된다. 또 그렇게 그렇게 살다 보면 어느새 자신이 세웠던 이상과는 아주 동떨어진 곳에서 남은 날들을 보내고 있을지도 모른다.

벽난로 속 호기롭게 타오르던 불꽃이 금세 사그라지듯 우리 젊음의 열정도 어느 순간 세월의 흐름 속에서 숨을 죽인다. 어떤 이들은 그 불꽃을 다시 살려내는 '열정'이라는 장작을 스스로 태우며 다시금 삶의 아름다움을 맛보는가 하면, 어떤 이들은 현실이라는 저항 세력에 밀려 타다 남은 장작의 재를 그대로 끌어 안고 살아가겠지.

창문 틈으로 새어 들어오는 세찬 겨울 바람에 대항하듯 애꿎은 장작만 자꾸 던져 넣어본다.

END에서 AND로 Rocky Mountain
National Park, Canada

////////

She said.

겨울 여행이 이렇게나
따뜻하고 포근할 수 있다니….

　훤한 이마에서 이어지는 까만 눈썹, 눈썹을 지나면 나오는 매끈한 눈두덩이, 그 아래로 하늘을 향해 바싹 치솟은 속눈썹, 오똑한 콧날과 인중을 지나 두 개의 산봉우리 같은 입술을 지나면 날렵한 턱선으로 이어진다. 어느 날, 곤히 자고 있는 아란의 옆모습을 바라보고 있자니 문득 아이스필즈 파크웨이를 달리며 바라본 로키의 산들이 떠올랐다. 몇 손가락 안에 꼽히는 대자연 로키를 고작 아이의 작은 얼굴에 비유하다니 좀 의아하게 생각될지도 모르겠다.

　지구상에서 딱 한 군데만 골라 일평생 그곳으로만 여행을 해야 한다면 난 주저 없이 캐나다의 로키 산맥을 택할 것이다. 신혼 여행의 종착지이자 가족 여행의 새로운 시작점으로써 벌써 두 번째 방문이다. 안타깝게도 첫 방문 때는 위대한 자연을 제대로 느낄 시간적, 감정적 여유가 없었다. 그럼에도 스쳐지나는 산세들의 날카로운 선이 아주 잘생긴 신이 하늘을 바라보고 누워 있는 것 같다는 생각은 했던 것 같다. 반드시 다시 찾아오리라 다짐

을 한 후 3년이 지나 우리는 다시 한 번 아이스필즈 파크웨이의 출발점에 서게 된다.

그간 T군이 육종암 제거 수술을 받았고, 우리의 신혼 여행 이야기가 고스란히 담긴 책이 출간되고, 아이가 세상에 태어났다. 1,000일 만에 다시 찾은 로키는 인생의 큰 획을 그은 일련의 사건들이 무색하리 만치 떠나오던 그날의 그 공기, 그 모습을 그대로 간직하고 있었다. 불과 며칠 전 한국으로 돌아갔다가 금세 다시 돌아온 것처럼, 억겁에 비하면 3년이라는 일상은 아주 짧은 '순간'일 뿐. 거기에 소복소복 쌓인 하얀 눈은 끊어진 시간과 시간을 감쪽같이 잘도 이어주었다.

재스퍼에서 밴프를 연결하는 아이스필즈 파크웨이는 세상에서 가장

아름다운 드라이브 도로로 유명하다. 워낙 변덕스러운 날씨, 아니 어쩌면 그것은 신의 기분, 여하튼 그날의 날씨에 따라 길 위에 오를 기회조차 얻지 못할 수도 있기 때문에 230km를 잇는 출발선에 서자 약간 긴장이 되었다. 우리는 과연 신의 허락을 받을 수 있을까? 신은 우리에게 어떤 모습을 보여 줄까?

아이스필즈 파크웨이의 시작부터 끝까지 거대하고 아름다운 봉우리들을 끝도 없이 이어진다. 한 굽이 한 굽이를 돌 때마다 운전하는 T군을 시작으로 나, 심지어 차만 타면 짜증을 내던 아란이까지도 감탄을 멈추지 못했다. 공교롭게도 두 번의 방문 모두 겨울이지만 한겨울의 로키는 뭐랄까, 평온한 얼굴로 겨울잠을 자는 신들의 사이를 요리조리 헤쳐지나는 묘한 스릴과 신비감을 준다. 깊게 잠든 신의 이마에 사뿐히 올라 속눈썹처럼 흩날리는 눈보라를 뚫고 매끈한 눈두덩이를 지나 오똑하게 솟은 콧날 같은 도로 위를 지난다. 인중처럼 부드러운 평지를 지나 완만한 경사의 나지막한 언덕을 지나기도 한다.

신들의 풍경, 신들의 형상을 찍기 위해 자동차를 멈추면 세상에는 오직 T군과 나, 아란만 남게 된다. 먹먹하고 깊은 고요를 메우는 건 바람, 구름, 그리고 새하얀 눈보라. 휘날리는 대지의 숨소리로 가득하다. 하얀 눈이 녹으면 푸른 생명 가득한 봄이 오겠지. 세상 사람들의 8할이 외치는 진짜 아름다운 로키는 봄, 여름, 그리고 가을이 맞을런지 모른다. 눈을 감고 상상하는 것만으로도 가슴이 뛰니까. 하지만 로키 산맥을 지키는 새하얀 신의 모습을 보고 싶다면 겨울 여행을 권한다.

아란이와 로키 산맥. 백 번을 봐도 질리지 않는 모습, 바라보면 바라볼수록 경이로운 그 모습이 닮았다.

B-side
Story

하루 종일 비가 내리는 날이었다. 로키 산맥의 멋진 풍경을 바라보는 건 고사하고 운전하기 조차 벅찬. 그렇게 4시간을 넘게, 허리 한 번 펴지 못하고 쏟아지는 빗속을 뚫고 달렸다. 잠시 숨을 고르기 위해 차를 멈추자 거짓말처럼 비가 그쳤다. 그리고 잠시 후, 운해를 품에 안은, 이름 모를 산등성이들이 눈앞에 나타났다. 그것들이 숨이 멎을 만큼 아름다운 풍경화를 그려냈다.

여행 중 가슴속에 오래도록 머무는 아름다움을 유명한 관광지나 익히 알려진 랜드마크가 아닌, 가이드북에도 나와 있지 않은 길 위에서 만나는 경우가 종종 있다. 우리네 일상도 그러하지 않을까? 화려하고 멋진 성공이나 업적이 아니라 그저 그렇게 굴러가는 일상이라 생각한 작은 행복 속에 오히려 미래의 아름다운 추억이 숨겨져 있지는 않을까? 앞만 보고 달리느라 놓친, 작지만 커다란 행복, 그 눈부신 아름다움들을 스쳐 지나쳐버리지 않길….

상자 하나 있으면 좋겠다.
그날의 감정, 그날 내 코를 간지럽히던 향,
　　손끝으로 전해지던 부드러운 촉감들을 담을…

아주 사소한,
　　어쩌면 잊혀지기 쉬운 것들만 모아놓은
　　　　작은 상자가 있어, 시간이 흐른 후…

지친 일상 속에서 상자를 열어 그날로 돌아갈 수 있으면 좋겠다.
그런 상자 하나가 내게 있으면 좋겠다.

여행 A to Z

세계 여행,
그후

～～～～～～

세계 여행이라는 인생의 휴식에서 돌아온 후 저희는 마음을 다잡고 주어진 일상을 더욱 열심히 살게 되었습니다. '열심히'라는 말이 '마음의 여유를 잃어버린 채 바쁘게만 산다'는 뜻은 아닐진대 어렵게 되찾은 여유는 온데간데 없이 어느새, 다시금 그저 바쁘기만 한 일상에 젖어들 즈음 하나의 사건이 일어나게 됩니다. 너무도 커다란 시련이요.

육종암을 안고 떠난 여행

"여보는 다리 근육이 되게 이상하게 생겼어. 오른쪽만 툭 튀어나왔네. 안 아파?"

"응 아프진 않아. 원래 그렇게 생겼는가 봐."

"하긴, 나도 여기 잇몸이 좀 울퉁불퉁 이상하게 생겼어. 나중에 틀니할 때 고생할 거라던데."

오른쪽 허벅지 뒤쪽 근육이 유난히 튀어나온 T군의 뒷모습을 보며 여행 중 이런 대화를 나누곤 했습니다. 만져봐도 딱딱하지 않고, 아프지도 않다기에 뭔가 심각한 일일 거라는 의심은 추호도 하지 않았습니다. 414일의 세계 여행을 마치고 돌아온 게 겨울, 12월이었죠. 한국으로 돌아온 지 4개월쯤 지났을 무렵 T군의 근육이 조금 커진 기분이 들었어요.

"여보, 요새 운동을 좀 해서 그런가 근육이 커진 것 같아."

T군은 안 그래도 요즘 앉았다 일어날 때 근육이 커진 게 느껴진다며 고개를 갸웃거렸습니다. 그러던 어느 날, T군이 참석한 모임에 의사 친구가 있어 허벅지 근육이 대해 이야기했더니 그거 물혹인 것 같다며 간단한 제거 수술로 고칠 수 있으니 가까운 병원에 가서 진단을 받아보라는 권유를 받았다 했습니다. 그 후 다시 한 달이 지났고, 그사이 혹은 점점 더 커져 일상 생활에 지장을 줄 정도가 되어버렸지요. 결국 혼자 동네 병원에 간 T군에게 전화가 왔어요.

"의사 선생님이 악성 종양일지도 모른다고 큰 병원으로 가보래."

에이, 설마. 딱딱하지도 않고, 아프지도 않은데 암이라니요. 그럴 리가 없잖아요. 그날 저녁, 우리는 아무런 대화도 하지 않고 잠들었습니다. 나쁜 생각은 하지 않으려 했지만 손이 떨려 한숨도 자지 못했죠. 아마 T군도 마찬가지였을 거예요.

다음 날 아침 일찍 우리는 손을 잡고 가까운 종합 병원으로 향했습니다. 기분 탓인지 혹은 어젯밤보다도 훨씬 커진 느낌이었어요. 단순한 물혹이라는 진단이기를 바라고 또 바랐지만 의사 선생님은 MRI를 찍어봐야 정확히 알 수 있다며 일주일 후에 찍을 MRI 예약을 하고 오늘은 집에 돌아가라고 하시더군요.

그 일주일을 어떻게 버텼는지 기억이 나지 않아요. 온종일 '암', '육종', '육종암의 예후', '근육암', '희귀암' 등의 단어로 검색창이 온통 도배되었죠. 나쁜 글은 믿지 않으려 애썼고, 좋은 글만 읽고 싶었습니다. 그 일주일은 마치 저 아래 지옥이 펼쳐진 절벽 위에서 아슬아슬하게 번지점프를 뛸 준비를 하는 것만 같았어요. 시간은 더디 흐르고, 일은 손에 잡히지 않았습니다. 음식도 넘어가지 않았고….

하지만 일주일 후 나온 MRI 결과는 악성 종양 쪽으로 기울게 되죠. 정확한 진단을 위해 입원 후 조직 검사를 해봐야 한다고 했습니다. 그렇게 또 입원 후 일주일이 흘렀습니다. 입이 바싹 타 들어가 더 이상은 침도 나오지 않는 것 같았어요. 혹여라도 그를 잃을까 너무나 무서웠지만 겉으로 내색하지는 않았어요. 절벽 위에서 줄을 묶지 않은 채 뛰어내리는 것 같은 두려움이 들었지만 애써 밝게 웃었죠.

그사이 우린 육종암에 관한 일인자라는 의사 선생님이 계시는 병원을 수소문하여 다시 한 번 진단을 받기로 했습니다. 의사 선생님께서는 육종일 확률이 90%가 넘는다고 이야기하며 내일 당장 종양 제거 수술을 받자 하셨어요. 근육도 아니고, 간단한 물혹도 아니고, 악성 종양일지도 모른다는 얘기를 들은 지 한 달이 지난 후에야 제거 수술을 받게 되었습니다. 결과가 나오기 전까지의 그 피 말리는 심정, 겪어보지 않은 사람은 알 수 없을 거예요.

수술 날 아침, 며칠 전부터 배가 살살 아파 혹시나 하고 T군 몰래 임신 테스트기를 샀습니다. 병원 화장실에서, 태어나 처음으로 테스트를 해보았어요. 화장실에 쭈그리고 앉아 테스트기를 바라보았죠. 두 줄 = 임신. 사실 T군의 암 소식에 '당분간 2세 계획은 접어야겠구나' 마음 먹은 직후였어요. 우리 예쁜 딸은 그때 찾아왔습니다. 못난 엄마는 미안하게도 기쁜 마음 아주 조금과 함께 혹시나, 혼자 키우게 되면 어쩌나 하는 상상도 해버리고 말았습니다. 무서웠어요.

병 발병은 약 2년 전, 종양의 크기는 지름이 7cm정도 였습니다. 수술을 마친 의사 선생님께서 고개를 갸웃거리시며 운이 좋은 케이스라고 말씀하셨습니다. 이 정도 기간에 이 정도 크기면 암의 위험도를 나타내는 악성도가 3기 정도여야 하는데, 0.5기가 될까 말까 할 정도로 낮다고요. 물론 육종이란 게 재발과 전이의 가능성이 높아 5년 후 완치 판정을 받기 전까지는 마음을 놓을 수 없는 일이지만 말이죠.

"뭐 하시는 분이세요? 이렇게 기간과 크기에 비해 악성도가 낮은 경우는 흔치 않아요. 발병 이유요? 그저 스트레스가 이유라면 이유죠. 마음과 관련이 있는 병입니다."

돌이켜 생각해보면 T군은 세계 여행 기간 내내 악성 종양을 안고 걸어다닌 게 됩니다. 하지만 T군의 경우, 자신이 원하는 시간 속에서 하루하루 많이 웃고, 대자연의 좋은 공기를 한껏 들이마시며, 쉬지 않고 열심히 걸어

다닌 여행자의 생활이 오히려 건강에는 긍정적으로 작용한 것 같습니다. 세계 여행을 떠나기 전까지 육체적 피로와 정신적 스트레스를 안고 살았던 도시 생활 속에서 발병된 암의 진전이 도시 생활과는 정반대인 여행자의 생활 속에서 더뎌진 게 아닐까 싶어요. (물론 의학적으로는 증명되지 않은 사실이지만요.)

암 수술 후 T군의 허벅지엔 제 손으로는 다 가려지지도 않는 커다란 흉터가 생겼습니다. 흔히 소중한 것을 잃고서야 그것의 의미를 깨닫게 된다고 하죠. 다행히도 제 경우는 소중한 것을 잃지 않고 그 사실을 알게 되었습니다. 하루하루 눈을 뜰 때마다 감사해요. 당신이 살아 있음을, 나와 우리의 아이가 지금 이 순간 함께할 수 있음을….

T군은 현재 매년 2회씩 정기적으로 암 전이와 재발을 확인하는 검진을 받습니다. 그사이 예쁜 딸도 태어났고요. T군도, 저도, 그리고 쑥쑥 크느라 바쁜 딸도 각자의 위치에서 하루하루 열심히 일상을 살아가고 있습니다. 그저 바쁘기만 한 '열심'이 아니라 '잘' 바쁘려고 노력하면서.

다시,
떠남

〰〰〰〰〰〰

"캐나다 비자는 받았니?"

아이와 함께 떠난 40일간의 여행 중 열흘은 친정 부모님도 함께했습니다. 출발 며칠 전 친정 아버지가 하신 말씀에 당황하여 부랴부랴 확인해보니 캐나다 여행을 위해 정말 비자가 필요했습니다. 제가 당황했던 건 저희가 세계 여행을 할 당시에는 캐나다 입국 비자가 필요 없었기 때문이에요. 캐나다 전자 비자(ETA), 2016년부터 본격적으로 시행된 제도인데 감쪽같이 모르고 있었지 뭐예요. 시행된 지 얼마 되지 않아 여행을 자주 다니는 사람들도 준비를 못 하고 공항에서 난처한 상황을 겪기도 한답니다.

미국과 캐나다, 즉 북미를 여행할 때에는 각각 전자 입국 비자가 필요합니다. 유효 기간은 발급일로부터 5년인데, 혹 여권 유효 기간이 5년 미만으로

남았을 경우에는 여권 만료일까지만 유효합니다. 즉, 여권 유효 기간이 5년 이 채 남지 않아 새로 발급 받을 경우 전자 비자도 재발급을 받아야 한다는 뜻이에요.

미국 전자 비자(ESTA)와 캐나다 전자비자(ETA)는 인터넷으로 직접 신청이 가능하며, 신청 시 만료되지 않은 여권과 이메일 주소, 신용카드가 필요합니다. 신청 서류와 비용을 지불하면 72시간 내로 승인 이메일을 받게 되고, 승인이 난 후에는 전산 연결이 되어 있어 따로 승인 메일을 프린트 하지 않아도 돼요. 부모님과 20개월 된 아이의 비자도 대리 신청이 가능했고요. 비자는 나이에 상관 없이 유아의 경우에도 1인당 1비자를 신청해야 합니다.

배낭 선택하기

강연 때 자주 받는 질문 중 하나가 여행할 때 저희가 사용하는 가방의 종류입니다. 메인 가방의 경우 여행지와 여행 기간에 따라 그때그때 달라져요. 일주일 이하의 짧은 여행의 경우에는 주로 캐리어를 이용하고, 그 이상으로 길어질 경우에는 배낭을 이용합니다. 또, 대중 교통을 이용하여 여행하는 경우엔 배낭을 이용하지만 렌터카 여행이 주가 될 경우에는 캐리어를 이용하죠. 배낭은 여행을 시작한 이후로 쭉 도이터 에어 컨텍트 75+10Air Contact 75+10와 액트 라이트 45+10Act Lite 45+10를 사용하고 있습니다.

#카메라 배낭

T군과 떼려야 뗄 수 없는 관계의 카메라 배낭. 장비 무게를 다 합치면 10kg가 거뜬히 넘습니다. 때문에 아이가 없었을 때에도, 아이와 함께하는 현재도 카메라 장비 외 중요한 물건들은 다 제(N양)가 메야 합니다. 그러던 중 T군에게도, 제게도 딱 맞는 배낭을 찾았어요. 바로 킬리 카메라 백팩Kili

Normad 2.0 Backpack인데요, 카메라 장비뿐만 아니라 일반 짐을 넣을 수 있는 수납 공간까지 넉넉해 노트북을 포함한, 그동안 온전히 제가 들어야 했던 짐을 이제는 T군과 나눠 들 수 있게 되었습니다.

킬리 카메라 배낭의 마법 같은 기능을 소개하지 않을 수 없는데, 바로 카메라 배낭 속 데일리용 작은 카메라 크로스백이에요. 크로스백에는 카메라 하나와 여분의 렌즈 하나 정도가 들어가니 여행지에 도착해서 데일리 카메라 가방으로 가져 다니기에 아주 유용합니다. 저희 같은 경우 아이가 칭얼거리면 늘 제가 업어야 했는데, 이제 아빠가 업어줄 수도 있게 되었지요.

#데일리 보조 배낭

전자 소매치기라고 들어보셨나요? 저희도 남미 여행을 하며 카드 복제를 당한 경험이 있어서 여행지에서 늘 데일리 배낭을 앞으로 그러안아 메야 하나 고민해보지만 그러기엔 영 폼이 나지 않습니다. 누가 봐도 여행자스러우니 소매치기의 표적이 될 것 같기도 하고요. 하지만 뛰는 도둑 위에 나는 기술력! 전자 소매치기 차단 원단을 사용하여 이런 고민을 싹 해결해준 배낭이 있습니다.

요즘 저희는 윈디코너 여행용 안전 슬링백Windy Corner Roit Sling Bag을 사용합니다. '작지만 강하다.'라는 말이 딱 어울리는 데일리 배낭이에요. 작은 슬링백 안에 효율적으로 구분된 수납 공간은 데일리로 필요한 물건들을 적재적소의 위치에 알맞게 넣고 빼며 쓸 수 있고요. 자체 안전고리 지퍼락 기능이 있어 누군가 나 몰래 지퍼를 여는 건 어림없죠. 또, 휴대폰을 연결할 수 있는 외부 스트랩이 있어 휴대폰 분실 걱정도 덜 수 있다는 점도 아주 마음에 들어요.

가족과 함께 떠나는 장기 여행 시 유용한 준비물

한 달 이상의 장기 여행, 내 몸 하나 건사하기도 힘든데 아이 것까지 모두 준비하려면 짐이 어마어마하게 늘어납니다. 그럴 때는 어떡하냐는 질문을 들으면 저는 이렇게 대답합니다. 현지 마트에서 살 수 있는 것은 최소화하여 준비하는 것을 권한다고요. 대신 이것만은 반드시 챙기면 좋을, 아이와 함께 떠나는 장기 여행 시 유용한 준비물에 대해 몇 가지를 소개하겠습니다.

1. 상비약

아이 상비약은 소아과에서 어느 지역을 여행할지 얘기하면 준비된 리스트에 맞춰 알아서 처방해줍니다. 제 경우 겨울 여행이었기 때문에 모기약은 따로 받지 않았고, 가져간 약은 다음과 같습니다. 감기약(목감기, 코감기 따로), 해열제(교차 복용을 위해 두 가지 계열의 해열제로 준비), 지사제(물갈이 방지용), 항생제와 유산균, 후시딘 연고, 체온계(휴대용 전자 수은 체온계). 이 밖에 대일밴드 및 어른용 종합 감기약과 진통제 등을 준비했습니다.

2. 휴대용 카시트

왠 카시트? 라고 생각하실지 모르나 아이와 함께하는 안전한 여행을 위해 반드시 필요한 물품입니다. 비행기에서뿐만 아니라 현지에서 렌터카를 빌려보신 분은 공감하실 거예요. 아이의 연령에 딱 맞는 카시트가 없는 경우도 허다하고, 있다 해도 낡고 더러워 사용하기 꺼려지는 경우가 대다수거든요.

제가 사용하는 카시트는 휴대용 카시트 포브 리니Forb Rini입니다. 2.5kg의 초경량, 초소형의 이 카시트는 KC(한국 국가 통합 인증)와 MGA(미국도로교통안전국 충돌안전기준 통과) 테스트를 모두 통과한 제품이에요. 해외 여행 시 렌터카 이용뿐만 아니라 도시와 도시를 연결하는 고속버스 이용 시에도 카시트는 필수 준비물입니다. 특히, 두 도시 이상을 여행할 계획이라면 반드시 챙겨야 할 물품이에요.

3. 힙시트

아이와 함께 여행하기 위해 준비해야 할 물건을 정하는 기준은 현지에서 구매가 용이한 물건인가 아닌가 하는 점이에요. 특히 3세 이하의 어린 아이와 여행할 때에는 유모차보다 힙시트의 사용을 권장합니다.

저희가 사용한 힙시트는 포브 힙노스핏이라는 제품입니다. 일정에 하이킹이 포함되어 있다면 필수 아이템이죠. 포브 힙노스 핏Forb Hypnos Fit은 편하면서도 가벼워 여행 중 3시간 이상의 하이킹에 몇 번이나 도전할 수 있을 정도였어요. 또, 자체적으로 수납이 가능한 비밀 공간이 있다는 점도 아주 마음에 들었죠. 기저귀 한두 장, 소형 물티슈, 아이 가디건, 지갑과 휴대폰 정도가 딱 들어가는 공간이 있어 따로 배낭을 메지 않아도 되었거든요. 그 외 현지 도로 사정이 좋지 않을 때, 사람들이 많은 곳에 가는 경우에도 유모차보다는 힙시트 사용을 권장합니다.

4. 피로회복제

웬 피로회복제인가 하겠으나 부모님과 함께하는 가족 여행을 위해 특별히 챙긴 아이템이 있습니다. 저희가 부모님과 함께한 시간은 열흘, 넓은 세상을 둘러보기엔 짧지만 부모님 입장에선 쉬지 않고 여행하기에 피로가 누적 될 수 있는 긴 기간이죠. 그래서 야심차게 준비했어요. 급속 충전 피로회복제, 라라올라! 이름처럼 먹으면 몸과 마음이 날아오를 것처럼 웬지 가벼워지는 느낌이던데요. 크기가 작아 휴대하기에도 좋더라고요. 덕분에 부모님은 물론, 아이와 함께하며 훨씬 힘들어진 여행이 그렇게 힘들지만은 않게 느껴졌는지도 모르겠네요.

5. 선크림

여행 시 화장품을 꼼꼼하게 챙기는 편은 아니지만 세계 여행 때에도, 이번 가족 여행에서도 온 가족을 위해 선크림만은 반드시 챙겼습니다. 외국에서 직접 사서 사용할 수도 있지만 선크림만큼은 일반 선크림이 아니라 병원에서 추천하는 선크림으로 넉넉히 준비해요. 저는 닥터오라클 제품을 사용했고, 여행에서 돌아온 후에도 계속 사용하고 있을 만큼 만족도가 높습니다.

6. 그 밖에

비상 식량과 여벌 옷 등도 물론 필요합니다. 특히, 아이와 함께하는 경우에는 더욱이요. (아이의 연령에 따라, 성향에 따라 천차만별이겠지만) 첫 여행 때는 너무 많이 준비해 가서 반 이상을 그대로 남겨 왔습니다. 현지 음식을 잘 못 먹으면 어쩌나 하는 불안한 마음에 이것저것 많이 챙겼지만 돌아오는 가방만 무거워질 뿐이었어요. 다음 번 여행에선 아이를 조금 더 믿고 비상 식량은 조금 줄일 생각이에요. 여벌 옷의 경우도 그때그때 손빨래를 조금씩 해도 되고, 현지에서 예쁜 옷을 사는 재미도 있으니 조금 적게 가져가도 괜찮을 것 같아요.

마지막으로 기저귀, 간식, 물티슈 같은 것은 최소한의 준비 후 현지 마트에서 구매할 것을 권합니다. 특히 아이 기저귀 같은 경우 우리가 잘 알고 있는 브랜드들 찾는 건 하나도 어렵지 않거든요. 대신 현지에서 살 수 없는, 아이가 좋아하는 애착인형 같은 게 있다면 가져가는 걸 추천합니다. 아이가 친구와 함께하는 여행의 기분을 느낄 수 있고, 밥도 먹여주고 잠도 재워주며, 여행을 즐길 줄 아는 법을 스스로 배우게 되는 데에도 도움이 됩니다.

물론 일주일 이하의 짧은 여행이라면 짐의 무게도 가볍고 움직일 시간이 적으니 그냥 다 챙겨가는 것이 나을 수 있겠지요. 위 준비물들은 장기 여행에 더 적합함을 말씀드려요.

추천 이동 수단

중남미의 경우 대중 교통을 주로 이용했고, 유럽 여행 땐 렌터카 여행이 주였습니다. 북미 여행의 경우 이 두 가지 방법의 중간쯤이었어요. 먼 거리는 비행기와 고속버스를 이용했지만 미서부를 여행할 때에는 캠핑카를, 아이와 함께 하는 여행에선 기차와 렌터카를 이용했습니다.

1. 렌터카

414일간의 신혼 여행에서 마지막으로 여행한 대륙이 바로 북미입니다. 여행에 자신감이 충만하게 붙은 시기기도 했지만 도로 상태와 안정성을 어느 정도 보장할 수 있는 지역이기도 하기 때문에 렌터카 이용이 잦았습니다.

저희가 주로 이용한 렌터카는 허츠Hertz입니다. 북미를 포함하여 중남미, 유럽, 호주, 아프리카 등 세계 150여 개국, 9,700여 개의 영업소를 운영하고 있어 차를 인수하고 반납하는 장소가 다르더라도 전혀 문제될 게 없었어요. 한국어 홈페이지 운영 및 24시간 긴급출동 서비스(한국어 무료 통역 서비스가 제공)가 운영된다는 점 또한 매우 매력적입니다.

www.hertz.com

2. 캠핑카

사실 캠핑카 여행은 저희 예산에서 크게 벗어난 부분이라 사실상 거의 포기하고 있었습니다. 하지만 뜻이 있는 곳에 길이 있는 법. 저렴한 방법에 캠핑카를 빌릴 수 있었어요. 바로 캠핑카를 어느 한 지역에서 다른 지역으로 배달해주는 대신 렌트비를 할인 받는 방법이지요. 저희의 경우 미국 유타 주의 솔트레이크 시티에서 네바다 주의 라스베가스까지 캠핑카를 전달하는 조건으로 렌트비를 절반 이하로 할인 받았습니다. 솔트레이크 시티에서 라스베이거스까지 직선 거리로 약 7시간 정도가 걸리지만 실제 저희에게 주어지는 시간은 20일 정도였죠. 20일 내로 약속한 장소까지 캠핑카를 반납하면 되었어요.

3. 기차

북미를 여행하면서 두 번의 기차 여행을 했습니다. 신혼 여행 시에는 미국의 뉴욕에서 출발하여 캐나다로 올라가는 단풍 열차Maple Leaf를 이용했고, 아이와 함께하는 여행에선 캐나다를 횡단하는 비아레일Viarail을 이용했어요.

기차 여행의 장점은 자동차로는 갈 수 없는 깊은 산 속이나 호숫가를 가로지르는 풍경을 마주할 수 있다는 점과 세상과 단절된 것 같은 여유로움을 만끽할 수 있다는 점을 들 수 있겠네요. 특히, 아이와 함께하는 기차 여행은 강력히 추천하는 바예요. 안전한 공간 내에서 날씨와 상관없이 여행을 즐길 수 있다는 점에서 말이죠.

www.viarail.ca

Thanks to

아버지처럼 따스한 정으로 안아주시는 다린앤컴퍼니의 강중식 대표님, 진심어린 격려와 자상한 응원으로 힘을 실어주시는 김상희 국회의원님, 함박웃음으로 반갑게 맞이해주시는 장원교육의 문규식 대표님, 닮아가고 싶은 삶의 멘토 피투피하이럭스 코리아의 김석영 대표님, 인자한 미소로 세상을 마주하시는 법무법인 강남의 원범연 변호사님, 무뚝뚝한듯 하지만 커다란 따스함으로 돌봐주는 박환희 형, 친형처럼 기댈 수 있는 가슴을 내어주는 오라클메디컬 그룹의 노영우 대표님, 영원한 청춘, 변함없는 열정을 보여주시는 플랜 디자인의 홍인진 대표님, 냉철한 이성 속에 따스한 감성을 가진 오마이트립의 이미순 대표님, 세심하게 배려해주시는 미래에셋증권 최철식 수석웰스매니저님, 친 누나처럼 챙겨주는 하우연 한의원의 윤정선 원장님, 정성 어린 추천사로 응원해주신, 진정한 소통의 대명사 전 서울교육청 부교육감 이대영 교장선생님, 어린 시절 추억을 공유한 박찬호 형과 영원한 청춘의 아이콘 여행 작가 청춘유리, Mensa Korea의 동갑내기 친구, 따스한 감성의 소유자 강유리 전통 요리 연구가와 스냅백이 잘 어울리는 김근열. 오랜 시간 동안 친구라는 이름으로 서로의 꿈을 격려해온 연세하이디치과 황인규 대표 원장, HCG 김영만 상무, 삼성SDS의 구현영 수석컨설턴트, 한국여성발명협회 홍정인 사업팀장(사랑한다. 친구들아), 무한긍정 에너지의 소유자이신 ㈜GLT 피네티 코리아의 이은희 이사님. 자신의 꿈을 향해 묵묵히 걸어가는 와이즈 포스트의 박상우 대표님과 20년 동안 한결 같은 우정을 보여준 이완기 사진작가, 배울 점이 많은 속 깊은 동생들 상생호 건축의 김생호 대표와 바텍 코리아의 이내형 대표이사, 자신만의 감성으로 삶의 시간을 채워가는 아이리스 멤버들(박인임, 안선영, 김미숙, 윤은희, 박슬희, 장선아, 박선아, 오영은 선생님). 그리고 늘 곁에서 응원해주시는 양가 부모님과 동생들, 우리의 영원한 삶의 동반자 오아란에게 감사의 말을 전하며 이 책을 바칩니다.

우리
다시
어딘가에서

초판 1쇄 발행 2018년 1월 24일
초판 2쇄 발행 2018년 3월 14일

지은이 오재철 · 정민아
발행인 이원주

임프린트 대표 김경섭
책임편집 정은미
기획편집 권지숙 · 정인경 · 송현경
디자인 정정은 · 김덕오
마케팅 노경석 · 이유진
제작 정웅래 · 김영훈

발행처 미호
출판등록 2011년 1월 27일(제321-2011-000023호)
주소 서울특별시 서초구 사임당로 82
전화 편집 (02) 3487-4750 영업 (02) 3471-8046
ISBN 978-89-527-9002-6 03980

<Englishman in New York> KOMCA 승인필